상체 밸런스 리셋

상체 밸런스 리셋

| 하버드 의대가 밝혀낸 젊은 몸으로 오래 사는 법 |

네고로 히데유키 지음 · 이지현 옮김

포레스트북스

제가 지금까지 쓴 책에서는 주로 호흡, 세포호흡(내호흡), 모세혈관 등을 주제로 다루었습니다. 고혈압, 당뇨병, 뇌졸중, 심근경색 등의 질병과 비교하자면 건강서에서 쉽게 접하기 어려운 키워드로 보이지만 모두 최근 의료계에서 아주 주목받고 있는 분야입니다.

여러분이 잘 아는 생활습관병이나 대부분의 현대인을 힘들게 하는 몸의 찌뿌둥함, 나른함, 두통, 지속되는 피로감, 원인 불명의 불쾌함 등을 포함한 각종 권태감은 사실 호흡이 얕아지거나 세포호흡 및 모세혈관이 약해지면서 발생합니다. 이 내용에 대해서는 본문에서 좀 더 상세히 다루겠습니다.

그래서 이번 책의 주제로 내세운 것이 바로 '어깨뼈'입니다. 어깨뼈란 등 양옆에 날개처럼 달린 큰 뼈를 말합니다. 갑자기 어깨뼈라니, 좀 뜬금없게 들릴지도 모르지만 어깨뼈와 호흡, 세포호흡, 모세혈관은 매우 깊은 관련이 있습니다. 어깨뼈가 딱딱하고 뻣뻣해지면 호흡이 약해지고, 나아가 앞서 말한 모든 기능이 무너지기 때문입니다.

　먼저 어깨뼈와 호흡의 관련성을 예로 들어보겠습니다. 호흡은 횡격막이 위아래로 움직이면서 이루어지는 것이 이상적입니다만 어깨뼈가 굳으면 횡격막의 가동 범위가 좁아집니다. 호흡할 때 움직여야 하는 흉곽 또한 움직임에 제한이 생깁니다. 결국 어깨뼈가 굳으면 자연스레 호흡 기능이 떨어지는 것이지요.

　다음으로 어깨뼈와 세포호흡 간의 관계를 살펴보겠습니다. 세포호흡이 잘 이루어지려면 충분한 산소 공급이 필요한데, 어깨뼈가 굳으면 호흡이 얕아지니 산소 공급량은 당연히 줄어들 수밖에 없습니다. 따라서 어깨뼈가 뻣뻣해지면 세포호흡에도 지장이 생깁니다.

　그렇다면 어깨뼈와 모세혈관은 어떠한 연관성이 있을까요. 온몸에 그물처럼 퍼져 있는 모세혈관을 건강하게 유지하려면 항상 혈액이 원활하게 순환되어야 하는데, 어깨뼈가 굳으면 자율신경이 무너져 혈액 순환도 나빠집니다. 어깨뼈가 딱딱해지면 모세혈관도 함께 망가지는 것입니다.

여러분은 자기 몸의 어깨뼈 상태가 어떠한지 알고 있나요? 본인 스스로 어깨뼈가 굳었다고 인지하는 사람이 몇이나 될까요? 아마 대부분이 잘 모를 겁니다. 하지만 만약 어깨뼈가 뻣뻣하게 굳었다면 호흡, 세포호흡, 모세혈관 모두 문제가 생겼을 가능성이 높습니다. 그래서 혈압이 올라가고, 혈당치가 높아지고, 권태감이 지속되고, 허리나 어깨가 아픈 것입니다. 어쩌면 이 밖의 신체적 질환 역시 어깨뼈가 원인일지도 모릅니다.

뻣뻣한 어깨뼈 때문에 생기는 각종 신체적 문제를 해결하기 위해 저와 하버드 의대 교수진들이 함께 고안한 상체 밸런스 리셋은 어깨뼈 스트레칭과 4·4·8 호흡법, 이렇게 2가지로 나뉩니다. 어느 것이 더 중요하다고 말할 수 없을 만큼 둘 모두 중요합니다. 자, 이제 우리 몸에 딱 필요한 운동과 호흡법을 통해 개운한 하루를 시작하고, 통증 없는 건강한 몸을 만들어봅시다.

하버드대학 의학박사
네고로 히데유키

아픈 사람의 90%는
어깨가 굳어 있다

책의 내용을 본격적으로 시작하기 전에 몇 가지 내용을 미리 짚고 넘어가겠습니다. 혹 여러분 몸에 아래와 같은 증상이 나타나고 있지는 않나요?

- 자꾸만 몸이 찌뿌둥하다.
- 피로가 가시지 않는다.
- 수면의 질이 떨어진다.
- 혈압이 높아진다.
- 어깨나 허리가 아프다.
- 의욕이 저하된다.

우리 몸에서 어깨뼈가 굳으면 앞과 같은 신체적 질환이 발생합니다. 그런데 이런 질환과 어깨뼈가 서로 무슨 관계이냐고요?

먼저 여러분의 어깨뼈 상태를 확인해봅시다.

((어깨뼈 체크하기))

❶ 등 뒤에서 양손으로 깍지를 끼고 팔을 60° 이상 들 수 있나요?

❷ 등 뒤에서 양손을 맞댈
수 있나요?

❸ 양 손바닥과 팔꿈치를
붙인 채 팔꿈치를 코 높이
까지 올릴 수 있나요?

이 동작들이 어렵다면 이미 어깨뼈가 꽤 굳었다는 것을 의미합니다. 그렇다면 호흡 또한 얕아졌을 가능성이 높습니다.

((호흡량 체크하기))

이번에는 여러분의 호흡량을 확인해봅시다.

코로 숨을 내쉰 후 숨을 멈춥니다.
30초 동안 숨을 멈출 수 있나요?

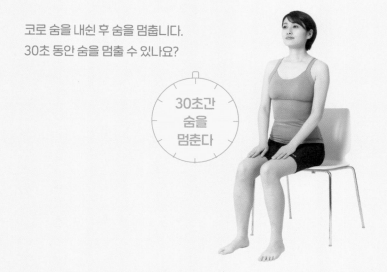

30초간
숨을
멈춘다

▸ 30초 이하로 숨을 멈춘 사람은 얕게 호흡하고 있어 호흡량이 부족합니다.
▸ 40초 이상 숨을 참은 사람은 깊게 호흡하고 있어 호흡량이 충분합니다.

그렇다면 다음의 항목 중에서 해당되는 사항에 체크해봅시다.

□ 나도 모르게 입을 벌리고 있을 때가 많다.

□ 아침에 일어나면 목이 건조하다.

□ 목이나 입이 잘 마른다.

□ 구취가 난다.

□ 잘 때 코를 골거나 이를 간다.

□ 입술이 말라서 잘 튼다.

□ 쩝쩝거리는 소리를 내며 식사한다.

□ 감기에 잘 걸린다.

3개 이상 해당하는 사람은 호흡이 얕아지기 쉬운 구강 호흡을 하고 있을 가능성이 높습니다.

매일 자기 전 30초만 해도
몸이 달라집니다

어깨뼈가 굳으면 호흡도 얕아집니다. 그 이유는 등이 굽어 상체가 앞으로 쏠리면서 횡격막의 움직임에 제한이 생기기 때문입니다. 호흡이 얕아진다고 해서 일상생활에 지장이 있을 정도로 숨 쉬기가 어려워지는 건 아니지만 호흡이 얕아지면 우리 몸은 서서히 무너지기 시작합니다.

몸이 찌뿌둥하거나 무겁고, 피로감이 계속되는 등의 권태감을 호소하는 사람, 고혈압, 고혈당, 복부 비만으로 병원 신세를 지는 사람, 어깨 결림, 허리 통증, 냉한 체질로 고생하는 사람, 수면 장애, 소화불량을 달고 사는 사람…… 모두 호흡이 얕아진 탓에 발생한 질환으로 고통받는 것일지도 모릅니다.

호흡이 얕아지면 체내 세포에 산소가 부족해집니다. 그러면 교감신경을 자극하게 되어 자율신경이 흐트러지고, 우리 몸을 녹슬게 하는 활성산소가 늘어납니다. 이로 인해 몸 여기저기에 이상이 생기는 건 당연한 결과입니다.

모든 신체적 질환의 원인은 뻣뻣하게 굳은 '어깨뼈'에 있습니다. 이것이 바로 어깨뼈 스트레칭을 해야 하는 이유입니다. 이제 이 책을 보며 굳은 어깨뼈를 풀어서 병을 쫓아내는 건강한 호흡법까지 되찾아봅시다. 이 스트레칭은 굳은 어깨뼈를 풀어서 움직임이 둔해진 횡격막을 되살리는 운동법입니다. 1회당 30초밖에 걸리지 않는 스트레칭과 호흡 훈련을 매일 꾸준히 하면 오래오래 어깨뼈를 부드럽게 유지할 수 있고, 자동으로 체내 세포도 건강해질 수 있습니다.

어깨뼈 스트레칭의 모든 동작은 한 번 하는 데 30초밖에 걸리지 않아 3세트를 하더라도 90초라는 시간만 쓰면 충분합니다. 호흡 훈련도 1회당 30초씩이니 3세트를 하는 데 걸리는 시간 역시 단 90초입니다. 다시 말해 어깨뼈 스트레칭은 하루 3분 이내로 효과를 볼 수 있는 고효율의 건강법입니다. 심지어 누구나 따라 할 수 있는 쉬운 방법으로 구성돼 있으며, 어깨뼈를 두루두루 사용해서 몸 구석구석까지 풀리도록 총 6가지 동작으로 이루어져 있습니다. 이제 하루에 하나씩 꾸준히 실천해보길 바랍니다.

아마 본인의 어깨뼈가 뻣뻣하게 굳었다고 스스로 인지하는 사람은 거의 없을 겁니다. 애초에 굳은 줄도 모른 채 사는 사람이 더 많습니다. 그러나 앞서 설명했듯 여러분의 몸에 발생하는 각종 이상 징후는 모두 어깨뼈가 원인일지도 모릅니다. 건강을 되찾게 해줄 어깨뼈 스트레칭, 지금 바로 시작해봅시다.

어깨뼈를 구석구석까지
풀어주는 6가지 동작

어깨뼈 스트레칭 ❶

양손을 쭉 뻗어
어깨뼈 열기

어깨뼈 스트레칭 ❷

어깨뼈
앞뒤로 돌리기

어깨뼈 스트레칭 ❸

손으로 어깨뼈
잡고 돌리기

어깨뼈 스트레칭 ❹

수건으로 하는
랫 풀 다운

어깨뼈 스트레칭 ❺

맨손으로 하는
로잉 운동

어깨뼈 스트레칭 ❻

양손으로
벽 모퉁이 밀기

▸ 자세한 내용은 58쪽을 참고

또래보다 10년은
젊어지는 호흡법

횡격막을 되살리기 위해서는 호흡을 할 때 4초에 걸쳐서 숨을 들이쉬고, 다시 4초간 멈춘 다음, 8초 동안 천천히 숨을 내쉬는 하버드대학이 검증한 '4·4·8 호흡법'을 해야 합니다.

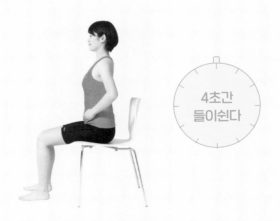

4초간
들이쉰다

4초간
멈춘다

8초간
내쉰다

▶ 자세한 내용은 74쪽을 참고

상체 밸런스 리셋의 놀라운 실제 변화 후기

체중 6kg 감량,
혈압 수치가 162/115 → 128/82로 감소했어요

어깨뼈 스트레칭을 시작한 지 두 달 만에 체중을 6kg이나 감량했습니다. 혈압도 162/115에서 128/82까지 내려갔습니다. 이 운동은 특별히 시간을 정해서 할 필요 없이, 생각날 때마다 일하는 도중에라도 틈틈이 할 수 있어서 아주 좋습니다. 앞으로도 꾸준히 계속할 생각입니다.

H.A. 54세 남성

15층 계단 오르기도 거뜬하게,
몸이 가벼워졌어요

처음에는 반신반의하며 어깨뼈 스트레칭을 시작했습니다. 처음 일

주일은 조금 힘들었는데 점점 어깨뼈 주변이 부드러워지는 게 느껴졌습니다. 계속하다 보니 계단을 오르내리는 것도 수월해지고, 걷다가 발이 엉켜 넘어지는 일도 줄어들며 몸이 한결 가벼워졌습니다.

S.T. 70세 여성

자투리 시간에 짬짬이 했을 뿐인데
만성 두통이 사라졌습니다

스마트폰을 오래 봐서 그런지 등이 굽었다는 말을 많이 듣게 돼서 어깨뼈 스트레칭을 시작했습니다. 텔레비전을 볼 때나 무언가를 잠깐 기다려야 하는 시간 등 자투리 시간을 이용해서 꾸준히 하고 있습니다. 그 결과, 굽은 등도 많이 개선되었고, 목과 어깨 결림은 물론이고 오래도록 저를 괴롭힌 고질병이던 두통도 나아지고 있습니다.

M.A. 49세 여성

변비 탈출!
매일 아침 화장실에 가는 것이 즐거워요

표준 체중이지만 몸이 찬 편이라서 오랫동안 변비로 고생했습니다. 그런데 어깨뼈 스트레칭을 꾸준히 실천하니 몸이 따뜻해져서 올겨울에는 감기에 걸리지 않았습니다. 또 변비도 싹 나아서 매일 아침마다 화장실에 가는 게 기다려질 정도입니다.

K.A. 63세 여성

전신의 피로감,
그리고 안구건조증이 호전되었습니다

코로나19 여파로 재택 근무가 늘어나면서 어깨 결림이 더 심해졌습니다. 자세도 나쁘다고 여러 번 지적을 받았는데, 매일 어깨뼈 스트레칭과 호흡법을 세트로 진행했더니 몸이 한결 가벼워졌습니다. 놀랍게도 어깨가 가벼워지니 안구건조증까지 호전되었습니다.

Y.S. 58세 남성

허리 통증이 사라져서
운동하기 더 좋아졌습니다

이 스트레칭을 하고 어깨뼈의 가동 범위가 눈에 띄게 늘어났습니다. 목과 어깨 결림이 개선되면서 허리 통증도 싹 사라졌습니다. 그 덕분인지 요즘 골프 스코어가 올라서 하루하루 더 즐겁게 살고 있습니다.

N.H. 68세 남성

피곤함을 덜 느끼고,
아침에도 상쾌하게 눈이 떠집니다

어깨뼈 스트레칭을 시작한 지 한 달이 되었습니다. 찌뿌둥하던 몸이 가벼워졌고, 피곤함도 덜 느낍니다. 덕분에 매일 숙면하여 아침에도 상쾌하게 눈이 떠집니다.

I.R. 75세 여성

아침저녁으로 어깨뼈 스트레칭을 했더니 삶의 질이 높아졌습니다

코로나19로 인해 외출이나 여행을 마음대로 할 수 없게 되자 기분이 가라앉아서 계속 몸이 찌뿌둥했습니다. 그런데 아침저녁으로 하루 2번씩 어깨뼈 스트레칭을 했더니 마음이 맑아진 느낌이 듭니다. 운동 중에 수건이나 벽을 이용하는 동작도 있어서 그날의 기분에 따라 골라서 진행합니다.

H.A. 61세 남성

불면증이 해소되었고, 시야가 또렷해진 느낌이 듭니다

평소에 잠을 자려고 누워도 쉽게 잠들지 못하고, 새벽에 계속 깨는 경우가 많았는데, 어깨뼈 스트레칭을 시작한 후 잠도 잘 자고, 아침에 눈도 가볍게 떠집니다. 시야도 또렷해진 느낌이 듭니다. 자기 전에 몇 분만 투자하면 되니 앞으로도 꾸준히 계속할 생각입니다.

T.O. 78세 여성

1장   모든 질환과 통증은 뻣뻣해진 어깨가 원인이다

2장   하버드 의대가 고안한
      하루 3분 상체 밸런스 리셋

3장   어깨뼈를 풀어서
자율신경 밸런스를 되찾는다

4장   바른 어깨와 호흡으로
모세혈관이 젊어진다

5장 건강하고 활기찬 몸,
나이가 아니라 어깨가 만든다

1장

모든 질환과 통증은
뻣뻣해진 어깨가 원인이다

우리 몸이 늘 피곤하고
찌뿌둥한 의외의 이유

평소에 여러분은 어깨뼈의 존재를 의식하며 지내나요? 아마 의식해본 적 없는 사람이 대부분일 겁니다. 어깨뼈의 가동 범위가 경기 성적으로 직결되는 운동선수나 전문의 또는 트레이너가 아닌 이상 일상생활 속에서 어깨뼈를 의식하며 사는 사람은 거의 없습니다.

그러나 어깨뼈는 몸 전체의 건강에 아주 큰 영향을 끼칩니다. 어쩌면 여러분이 겪는 건강 문제는 어깨뼈의 움직임이 둔해진 탓에 생긴 것인지도 모릅니다. 컨디션 난조 및 건강 악화는 대부분 뻣뻣하게 굳은 어깨뼈에서 비롯되기 때문입니다.

어깨뼈는 자세와 상반신의 움직임 그리고 온몸의 동작에

관여함과 동시에 호흡 및 자율신경과 아주 밀접한 관계에 있는 횡격막의 움직임에도 영향을 줍니다. 여기서 자율신경이 무너지면 컨디션 난조로 이어지고, 각종 질병을 얻게 됩니다.

등 양옆에 날개처럼 달린 어깨뼈는 자유롭게 움직일 수 있다는 점이 특징입니다. 그러한 만큼 팔과 어깨를 중심으로 하는 상반신의 다양한 동작에 사용됩니다. 어깨나 팔을 올리고 내릴 때, 가슴을 활짝 펼 때, 팔을 돌릴 때 등 정말 많은 동작에 쓰입니다. 어깨뼈가 잘 움직이면 이와 같은 움직임 하나하나가 부드럽게 잘 이어지지만 반대로 뻣뻣해지면 많은 동작에 제한이 생깁니다.

하지만 프로 선수라면 모를까, 일반 사람들은 어깨뼈의 움직임이 둔해졌다고 해서 당장 일상생활에 문제가 생기지는 않습니다. 굳은 어깨뼈를 방치하는 이유가 바로 이것입니다. 평소에 이를 의식할 일도 없을뿐더러, 상태가 나빠지고 있다는 사실도 깨닫지 못하니 점점 더 굳게 되는 것입니다. 그 결과, 머지않아 여러 형태로 우리 몸에 각종 증상이 나타납니다. 그러면 먼저 지금 여러분의 어깨뼈는 얼마나 건강한지 확인해봅시다.

내 어깨는 얼마나 굳었을까?
어깨뼈 자가 진단 테스트

((팔꿈치가 코의 높이까지 올라가나요?))

1 가슴 앞에서 양 손바닥과 팔꿈치를 붙인다.

2 손바닥과 팔꿈치를 붙인 채 반듯이 위로 올린다.

⭕ 부드러운 어깨뼈

팔꿈치가 코 높이까지 올라간다면 OK.

❌ 뻣뻣한 어깨뼈

①의 단계에서 양 팔꿈치를 붙이는 동작이나 코 높이까지 팔을 들어올리기가 어렵다면 어깨뼈가 뻣뻣하게 굳었을 가능성이 높다.

((팔이 60° 이상 올라가나요?))

1 바르게 선 채 등 뒤에 서 양손을 맞잡는다.

2 ①의 맞잡은 손을 들어 팔을 올린다(팔을 올릴 때 상체가 앞으로 쏠리지 않도록 주의한다).

○ 부드러운 어깨뼈

팔이 60° 이상 올라간다면 OK.

✕ 뻣뻣한 어깨뼈

팔을 들어 올릴 수 있는 각도 가 60° 미만이라면 어깨뼈가 뻣뻣하게 굳었을 가능성이 높다.

움직이지 않으면
결국 신체는 굳어버린다

자, 여러분의 어깨뼈는 어떤가요? 생각보다 훨씬 뻣뻣한 상태인 분이 많을 겁니다. 간단하게 팔을 드는 것조차 자연스럽게 되지 않는 분도 제법 있을 겁니다. 사실 어깨뼈의 움직임이 둔해지는 이유는 어깨뼈 자체가 경직된 것이 아니라, 어깨뼈를 움직이는 근육이 약해지면서 어깨뼈와 근육을 잇는 힘줄 그리고 어깨뼈와 쇄골을 잇는 인대가 뻣뻣해졌기 때문입니다.

어깨뼈는 가동 범위가 넓은 데다 상반신의 미세한 움직임에까지 두루두루 쓰여, 무려 18가지 종류의 크고 작은 근육들이 어깨뼈를 지탱하고 있습니다. 이를테면 목에서 어깨, 등까지 이어지는 승모근은 아마 많이 들어봤을 겁니다. 그밖에도 전거근, 쇄골하근, 소흉근 등 다양한 근육이 있습니다. 이를 설명하는 36쪽의 사진을 잘 봐두길 바랍니다.

어깨뼈 주변 근육뿐만 아니라 본래 근육은 약 30살을 기점으로 나이를 먹을수록 조금씩 약해집니다. 특히 승모근처럼 큰 근육은 다른 근육에 비해 노화가 더 빨리 진행됩니다. 힘줄이나 인대도 나이를 먹으면 조금씩 뻣뻣해집니다. 관절 사이의 마찰을 줄이기 위해 분비되는 윤활액 양도 마찬가지로 줄어듭니다. 즉 어깨뼈는 그대로 방치하면 매년 조금씩 굳게 된다는 뜻입니다.

이제 어깨뼈 주변의 근육을 알아본 뒤, 팔을 머리 위로 들어올리거나 내릴 때, 어깨를 올리거나 내리고 가슴을 펼 때 등 상반신 동작을 할 때 쓰이는 6가지 근육을 알아둡시다. 간단하게라도 근육의 기능과 원리를 알아두면 운동을 할 때 더 큰 도움이 될 것입니다.

((어깨뼈의 움직임을 담당하는 주요 근육))

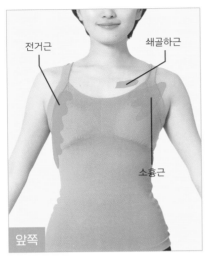

전거근
쇄골하근
소흉근
앞쪽

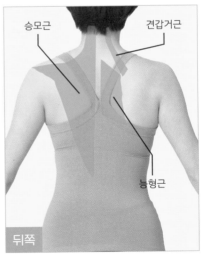

승모근
견갑거근
능형근
뒤쪽

어깨 올리기 / 올림	능형근, 승모근, 견갑거근
어깨 내리기 / 내림	승모근, 소흉근, 쇄골하근
가슴 펴기 / 내전	능형근, 승모근, 견갑거근
어깨 움츠리기 / 외전	전거근, 소흉근
팔 올리기 / 상방회전	능형근, 승모근, 전거근
팔 내리기 / 하방회전	능형근, 소흉근, 견갑거근

어깨뼈를 굳게 만드는 대표적인 물건으로 스마트폰이 있습니다. 많은 사람이 시간만 나면 스마트폰을 들여다봅니다. 카페, 지하철, 공원, 심지어 집에서도 계속 고개를 숙인 채 그저 손가락 몇 개만 움직입니다. 그러다 보니 어깨뼈를 쓰는 일이 거의 없습니다.

컴퓨터를 사용할 때도 마찬가지입니다. 고개를 숙일 일은 없겠지만 상체가 앞으로 쏠린 자세로 손만 움직일 뿐 어깨뼈는 거의 움직이지 않습니다. 심지어 코로나 바이러스로 인해 재택 근무가 늘어나면서 이전보다 더 많은 시간을 책상 앞에 앉은 채로 보내는 사람이 적지 않을 겁니다.

그런데 인간의 신체는 매우 똑똑해서 오랫동안 움직이지

않으면 그 기능은 필요 없다고 판단해 점점 퇴화하게 만듭니다. 뼈가 부러져서 깁스로 고정해본 적이 있다면 아마 잘 알 겁니다. 한동안 고정한 상태로 지내면 근육은 눈에 띄게 약해져서 가늘어지고, 관절은 뻣뻣하게 굳어버립니다. 이전처럼 움직이려면 고정된 부위를 살살 풀어주는 동작부터 시작해야 합니다.

조금 극단적인 예를 들기는 했습니다만 어깨뼈도 마찬가지로 움직이지 않으면 주변 근육과 힘줄, 인대가 점점 약해집니다. 그렇게 본인도 모르는 새에 어깨뼈가 뻣뻣하게 굳어버리는 것입니다.

상반신에서
가장 중요한 부위

어깨뼈의 움직임이 둔해지면 상반신의 혈액 순환에 문제가 생깁니다. 이것이 바로 뻣뻣해진 어깨뼈가 건강에 나쁜 영향을 미치는 첫 번째 원인입니다.

혈액 순환이 나빠지는 이유는 어깨뼈의 움직임을 지탱하는 근육이 약해졌기 때문입니다. 근육은 몸을 움직이는 일뿐 아니라 외부 충격으로부터 내장을 지키는 쿠션 역할, 열을 만들어 체온을 유지하는 역할 등을 담당합니다. 그중에서 가장 중요한 역할이 바로 혈액 순환을 원활하게 하는 일입니다.

온몸에 흐르는 피는 심장에서 내보내는 힘만으로는 몸 구석구석까지 닿을 수 없기에 근육이 혈액 운반 작업의 일부를

맡아서 합니다. 근육이 수축하면서 혈관을 압박했다가 이완하여 혈액 순환을 원활하게 해줍니다. 그래서 근육의 운동력이 떨어지면 몸 구석구석까지 영양분과 산소를 운반하지 못할 뿐 아니라 피로 물질까지 체외로 배출하기 어려워집니다.

종아리가 '제2의 심장'으로 불리는 이유는 하반신으로 흐른 혈액을 상반신으로 돌려보내기 위한 중요한 역할을 종아리가 담당하기 때문입니다. 하반신에서 상반신으로 향하는 움직임은 중력을 거스르는 일이기에 새삼 종아리가 얼마나 대단한 역할을 하고 있는지 대략 짐작할 수 있을 겁니다.

하반신에서 가장 중요한 부위가 종아리라면 상반신에서는 '어깨뼈 주변 근육'이 가장 중요합니다. 앞에서 설명한 바와 같이 어깨뼈를 움직이기 위해서는 많은 근육의 도움이 필요한데, 어깨뼈가 굳었다는 것은 그만큼 주변 근육이 약해졌음을 의미합니다. 그로 인해 상반신의 혈액 순환에 문제가 생기면 영양분과 산소를 기다리는 장기 및 기관의 움직임 또한 둔해질 수밖에 없습니다.

혈액 순환이 원활하지 않을 때 가장 먼저 드러나는 증상이 목과 어깨 결림입니다. 원인으로는 여러 설이 있지만 혈액 순환이 나빠지면서 세포호흡이 저하되고, 그로 인해 목과 어깨

부위 세포를 둘러싼 내부 환경에 노화 물질이 축적되어 통증을 유발한다는 분석이 있습니다.

인간으로 태어나서
왜 새우등으로 사는가?

뻣뻣하게 굳은 어깨뼈가 건강에 악영향을 끼치게 만드는 가장 큰 원인은 잘못된 자세입니다. 본인도 모르는 새 등이 굽고, 어깨가 말려 목을 앞으로 내밀고 있지 않나요? 이렇게 앞으로 쏠린 듯한 자세는 모든 신체적 질환을 일으키는 원흉이 됩니다.

물론 상반신이 앞으로 쏠려도 앉았다 일어서고 걷는 등 일상 중의 동작에는 조금도 지장이 없습니다. 많은 사람을 대해야 하는 직업이 아닌 이상 특별히 의식할 일도 없을 겁니다. 하지만 상반신이 앞으로 쏠린 것은 건강을 해치는 매우 위험한 자세입니다.

상반신이 앞으로 쏠리는 가장 큰 이유는 앞서 말한 것처럼 스마트폰이나 컴퓨터 등을 이용하는 시간이 지나치게 길어졌기 때문입니다. 이 상태가 오래 지속되면 상체가 앞으로 쏠린 형태로 어깨뼈가 굳어버립니다. 쉽게 말해 구부러진 새우등이 기본 자세로 굳어진다는 말입니다.

내 자세는 올바른 편일까?
어깨뼈 건강 체크하기

((내 어깨뼈는 얼마나 굳었을까?))

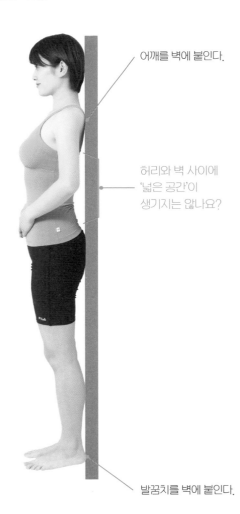

어깨를 벽에 붙인다.

허리와 벽 사이에
'넓은 공간'이
생기지는 않나요?

⭕ 부드러운 어깨뼈

벽에 어깨를 붙이고, 바르게
섰을 때 벽과 허리 사이에 작
은 공간이 생기면 된다. 그
사이에 손을 집어넣으면 손
이 등에 닿아 살짝 눌리는 느
낌이 들 것이다.

❌ 뻣뻣한 어깨뼈

벽과 허리 사이에 넓은 공간
이 생길 정도로 허리가 젖혀
진다면 어깨뼈가 뻣뻣하게 굳
었을 가능성이 높다.

발꿈치를 벽에 붙인다.

당신의 숨결이
가늘어지고 있다는 위험 신호

상체가 앞으로 쏠린 새우등 자세가 기본 자세로 굳어지면 보기에 좋지 않은 것은 물론이고, 무엇보다 호흡이 얕아집니다. 그런데 호흡이 얕아진다고 해서 바로 숨이 가빠지는 건 아니므로 당장의 일상생활에 지장이 생기지는 않습니다. 하지만 얕은 호흡은 서서히 우리 몸을 좀먹습니다.

새우등 자세가 호흡을 얕게 만드는 이유는 '횡격막'의 움직임을 제한하기 때문입니다. 호흡은 목부터 등, 복부 근육까지 총동원해서 이루어지는 동작입니다. 어깨뼈와 깊게 연관된 승모근도 그중 하나입니다. 특히 중요한 근육이 늑골과 늑골 사이에 있는 늑간근과, 늑골 아래에 있는 돔 형태의 근육인 횡격막입니다.

호흡은 횡격막이 위아래로 움직이면서 이루어집니다. 수축하면 횡격막이 아래로 내려가면서 폐로 공기를 빨아들이고, 이완하면 반대로 위로 올라가서 폐에서 공기를 내뱉게 됩니다. 그런데 몸이 새우등 자세가 되면 이 동작에 제약이 생깁니다. 물론 호흡은 가능합니다만 목과 어깨 근육을 주로 쓰는 호흡이 계속되면 상대적으로 덜 사용하게 되는 횡격막은 약해지고, 지나치게 많이 쓰는 목과 어깨 근육은 단단하게 굳어집니다. 그러면 결국 폐의 상부밖에 쓰지 않게 되어 호흡이 더욱 얕아집니다.

호흡과 신체적 질환의 관계에 대해서는 3장에서 더 상세히 다루겠지만 횡격막을 사용하지 않는 얕은 호흡의 최대 단점은 바로 '자율신경 조절'이 어려워진다는 점입니다. 자율신경은 호흡, 체온 조절, 심장의 활동 등 생명 유지에 필요한 기능을 우리 의지와 상관없이 24시간 관리해줍니다. 자율신경이 정상적으로 작동하기 때문에 지금 우리가 이렇게 살아 있는 것입니다.

이 자율신경을 우리 의지로 조절할 수 있는 유일한 방법이 바로 횡격막을 사용하는 호흡법입니다. 바꾸어 말하자면 어깨뼈가 딱딱하게 굳으면 자율신경을 스스로 조절할 수 없게 되어 각종 신체적 질환이 생겨날 뿐 아니라, 최악의 경우 증상이 악화돼도 막을 수조차 없는 것입니다.

내 호흡은 얼마나 얕아졌을까?
30초 안에 호흡량 체크하기

((몇 초 동안 숨을 참을 수 있을까?))

1

천천히 코로 숨을 내쉰
후, 다시 숨을 멈춘다
(숨을 참기 어렵다면 손가락
으로 코를 막아도 된다).

2

숨을 다시 쉬고 싶어질
때까지 걸리는 시간을
잰다. 이때 너무 무리
하지 않도록 주의한다.

◎ **40초 이상**

아주 바람직한 깊은 호흡을
하고 있는 상태이다.

○ **30초 이상**

얕은 호흡까지는 아니다.

✕ **30초 미만**

호흡이 얕아진 상태. 어깨뼈
가 뻣뻣하게 굳었을 가능성이
높다.

내 횡격막은 얼마나 움직일 수 있을까?
횡격막 가동 범위 체크하기

((횡격막이 제대로 움직이고 있을까?))

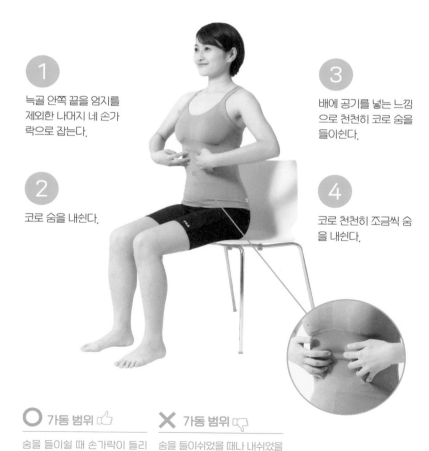

1
늑골 안쪽 끝을 엄지를 제외한 나머지 네 손가락으로 잡는다.

2
코로 숨을 내쉰다.

3
배에 공기를 넣는 느낌으로 천천히 코로 숨을 들이쉰다.

4
코로 천천히 조금씩 숨을 내쉰다.

O 가동 범위 👍
숨을 들이쉴 때 손가락이 들리고, 숨을 내쉴 때 손가락이 내려앉는다면 횡격막이 정상적으로 움직이고 있는 것이다.

X 가동 범위 👎
숨을 들이쉬었을 때나 내쉬었을 때 모두 손가락이 많이 움직이지 않는다면 횡격막의 가동 범위가 좁아졌을 가능성이 높다.

모세혈관이 소리 없이
무너져 내리고 있다

어깨뼈가 굳으면 혈액 순환에 문제가 생기고, 호흡이 얕아져 자율신경이 무너질 뿐만 아니라 모세혈관의 노화에도 영향을 미칩니다. 모세혈관의 노화는 모든 신체적 질환의 원인이 됩니다. 왜냐하면 온몸에 그물처럼 퍼져 있는 혈관의 99%가 모세혈관이기 때문입니다. 혈관이라고 말하면 동맥이나 정맥 등 굵은 혈관을 떠올리기 쉽지만 대부분의 혈관은 모세혈관이 차지합니다.

혈관은 체내 장기 및 기관에 영양분과 산소, 호르몬, 면역세포를 운반하는 통로이므로 이 부분에 이상이 생기면 몸 곳곳에 문제가 발생합니다. 모세혈관이 건강에 끼치는 영향에 관해서는 4장에서 더 깊게 다루겠습니다. 여기서는 모세혈관의 역할 위주로 간단히 소개하겠습니다. 모세혈관의 주된 역할은 총 5가지입니다.

① 산소를 운반하고 이산화탄소를 회수한다.
② 영양소를 운반하고 노폐물을 회수한다.
③ 면역세포를 운반한다.
④ 호르몬을 운반하여 정보를 전달한다.
⑤ 체온을 일정하게 유지한다.

이 내용만 봐도 모세혈관이 우리 몸에서 얼마나 중요한지 알 수 있을 것입니다. 그런데 어깨뼈가 굳으면 이렇게 중요한 모세혈관이 늙게 됩니다.

모세혈관은 자율신경의 명령에 따라 수축과 확장을 반복하며 앞의 5가지 역할을 수행합니다. 그런데 자율신경이 무너지면 모세혈관에 혈액이 원활하게 공급되지 않습니다. 또 혈액 순환이 잘 이뤄지지 않으면 당연히 장기로 가는 혈액 공급에도 지장이 생깁니다.

특히 매우 얇아 손상되기도 쉬운 모세혈관은 혈액 순환 장애가 계속되면 머지않아 혈관이 통째로 퇴화되고, 더 악화하면 소멸로 이어집니다. 그러면 모세혈관을 통해 영양소나 산소를 공급받던 장기 및 기관에 문제가 생기게 됩니다.

말랑말랑한
어깨뼈 근육의 힘

　어깨뼈가 뻣뻣하게 굳으면 가동 범위가 좁아져서 팔을 올리고 내리거나 앞으로 뻗는 상반신 동작이 제한되는 데서 그치지 않습니다. 나아가 자세가 나빠지고, 혈액 순환에 문제가 생기고, 호흡이 얕아집니다.

　그러면 자율신경이 무너지고, 모세혈관이 늙어 몸 여기저기에 질환이 발생합니다. 우리 몸에 생기는 병의 대다수가 '뻣뻣해진 어깨' 때문이라고 해도 과언이 아닙니다. 혈압 및 혈당치 상승, 목과 어깨 결림, 내장 지방 증가, 수면 장애 등 몸에 나타나는 모든 문제의 원인은 뻣뻣하게 굳은 어깨뼈에서 비롯되었을 가능성이 높습니다.

다음 장에서 소개할 어깨뼈 스트레칭은 굳은 어깨뼈를 풀어주고, 앞으로 굳지 않고 유연하게 움직이도록 도와주는 운동입니다. 딱 하루 3분씩 꾸준히 하면 여러분을 힘들게 하던 질환이 호전될 뿐 아니라 젊음 또한 되찾을 수 있습니다.

2장

하버드 의대가 고안한
하루 3분
상체 밸런스 리셋

하버드식 어깨뼈 스트레칭과
4·4·8 호흡법

어깨뼈 스트레칭을 하는 목적은 먼저 뻣뻣해진 어깨뼈를 풀어서 움직임이 둔해진 횡격막을 되살리기 위함입니다. 어깨뼈가 상하좌우로 자유롭게 움직이도록 풀어주려면 먼저 어깨뼈가 어떻게 움직이는지 그 원리부터 이해해야 합니다. 어깨뼈의 움직임은 다음과 같이 크게 6가지로 나뉩니다(36~37쪽 참고).

① 어깨를 올리는 동작 – 어깨 올림

② 어깨를 내리는 동작 – 어깨 내림

③ 가슴을 펴거나 팔을 뒤로 당겨 어깨뼈를 모으는 동작 – 내전

④ 어깨를 움츠리거나 팔을 앞으로 쭉 내미는 동작- 외전

⑤ 팔을 위로 올려 어깨뼈가 열리는 동작- 상방회전

⑥ 팔을 아래로 내려 어깨뼈를 모으는 동작- 하방회전

이 6가지 움직임에 맞추어 구성한 운동이 앞으로 나올 어깨뼈 스트레칭입니다. 스트레칭은 매일 하나씩 꾸준히 실천하면 됩니다. 동작당 30초씩 진행하므로 3세트를 한다고 해도 걸리는 시간은 딱 90초면 충분합니다. 근력 운동과 달리 근육에 걸리는 부하도 적으므로 연이어 3세트 정도는 무리 없이 진행할 수 있을 겁니다. 동작을 따라 할 때 몸에 부담이 되지 않을 정도로 조금씩 움직여보길 바랍니다.

다음으로 중요한 것은 횡격막을 되살리는 데 효과적이라고 하버드대학에서도 검증된 '4·4·8 호흡법'입니다. 숨을 들이쉬고, 잠시 멈추었다가 다시 내쉬기만 하면 되므로 매우 쉬워 누구나 금방 따라 할 수 있는 호흡법입니다. 호흡 훈련도 어깨뼈 스트레칭과 마찬가지로 회당 30초씩 진행하므로 총 3세트를 진행하는 데 약 90초 정도밖에 걸리지 않습니다.

이렇게 어깨뼈 스트레칭과 4·4·8 호흡법을 매일 꾸준히 하는 것이 상체 밸런스 리셋의 전부입니다. 하루 3분만 투자

해서 우리 모두 건강을 되찾아봅시다.

((상체 밸런스 리셋 미리 보기))

※ 아래 동작 중 하나를 선택해서 따라 하면 된다.

1 양손을 쭉 뻗어
어깨뼈 열기
62쪽

2 어깨뼈
앞뒤로 돌리기
64쪽

3 손으로 어깨뼈
잡고 돌리기
66쪽

4 수건으로 하는
랫 풀 다운
68쪽

5 맨손으로 하는
로잉 운동
70쪽

6 양손으로
벽 모퉁이 밀기
72쪽

+

4·4·8 호흡법
74쪽

어깨뼈 스트레칭과 4·4·8 호흡법 모두 누구나 곧바로 할 수 있을 만큼 쉽고 안전한 동작으로 구성돼 있지만 만약 운동 중에 조금이라도 불편하거나 통증이 있다면 바로 중단하고 전문의나 주치의에게 상의하길 바랍니다. 건강해지려고 하는 운동인데, 그로 인해 오히려 건강을 잃는다면 아무런 의미가 없습니다. 어디까지나 무리하지 않는 선에서 진행하면 됩니다.

뻣뻣해진 어깨뼈든, 움직임이 둔해진 횡격막이든 간에 스트레칭을 한 번 진행하는 정도로 몸이 좋아지지 않습니다. 매일 꾸준히 실천해야 합니다. 이 운동을 습관화하는 것이 가장 중요합니다. 조금이라도 더 어깨뼈를 움직이고, 횡격막을 사용해서 제대로 호흡하는 등 평소에도 어깨뼈와 횡격막의 움직임을 의식하면 이 운동이 시너지 효과를 일으켜 어깨뼈는 더욱 부드러워지고, 호흡 또한 달라질 겁니다.

그러면 다음 장에서 어깨뼈 스트레칭과 4·4·8 호흡법의 구체적인 방법에 대해 알아봅시다.

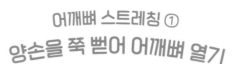

어깨뼈 스트레칭 ①
양손을 쭉 뻗어 어깨뼈 열기

[동작 포인트]	어깨 올림	어깨 내림	내전	**외전**	상방회전	하방회전

[하루 목표]　20초 × 3회

1 손깍지를 낀다.

허리를 곧게 펴고 의자에 앉아 가슴 앞에서 손을 맞잡는다.

가볍게 손깍지를 끼고
상반신은 편하게 세운다.

양발은 가볍게 벌린다.

허리를 등받이에서 조금 떨어뜨려
의자 앞쪽에 앉는다.

20초
유지

② 팔을 앞으로 뻗는다.

천천히 숨을 내쉬면서 팔을 앞으로 뻗는다. 최대한으로 뻗은 후, 그대로 20초간 자세를 유지한다. 가슴 및 어깨 주변 근육도 함께 풀어주면 흉곽의 움직임이 더 부드러워진다.

편하게 호흡한다.

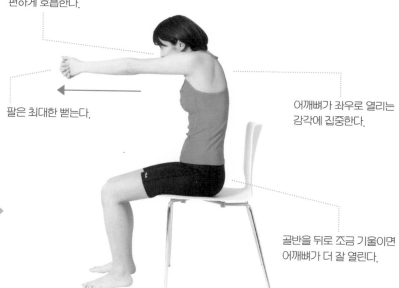

팔은 최대한 뻗는다.

어깨뼈가 좌우로 열리는 감각에 집중한다.

골반을 뒤로 조금 기울이면 어깨뼈가 더 잘 열린다.

NG

팔을 앞으로 뻗을 때 상체를 같이 숙이면 어깨뼈가 덜 열리게 되니 주의하자.

어깨뼈 스트레칭 ②
어깨뼈 앞뒤로 돌리기

[동작 포인트] | 어깨 올림 | 어깨 내림 | 내전 | 외전 | **상방회전** | **하방회전** |

[하루 목표] 앞뒤로 각각 5회 × 3세트

1 손끝을 어깨에 둔다.

가슴을 펴고 의자에 앉아 양팔을 굽혀 손끝을 좌우 어깨 위에 올린다. 어깨뼈를 모아 가슴을 활짝 펴면 어깨가 말린 사람도 어깨뼈가 부드럽게 풀린다.

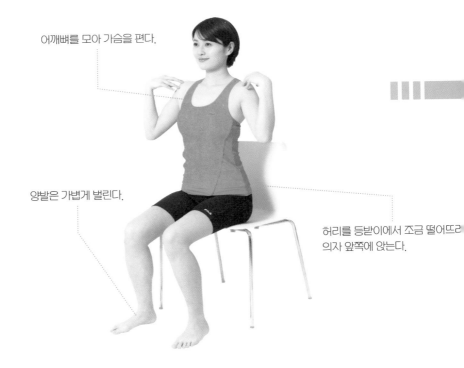

어깨뼈를 모아 가슴을 편다.

양발은 가볍게 벌린다.

허리를 등받이에서 조금 떨어뜨려 의자 앞쪽에 앉는다.

② 어깨를 앞뒤로 돌린다.

양 팔꿈치로 원을 그리듯이 팔 전체를 앞으로 5회, 뒤로 5회씩 돌린다.

앞으로 5회, 뒤로 5회

팔은 최대한 크게 돌린다.

손끝이 어깨에서 떨어지지 않도록 한다.

골반을 뒤로 조금 기울이면 어깨뼈가 더 잘 열린다.

NG

등이 말린 상태라면 아무리 팔을 돌려도 어깨뼈가 거의 움직이지 않는다. 어깨와 등은 곧게 펴자.

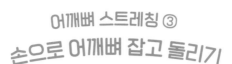

어깨뼈 스트레칭 ③
손으로 어깨뼈 잡고 돌리기

[동작 포인트] 어깨 올림 | 어깨 내림 | 내전 | 외전 | **상방회전** | **하방회전**

[하루 목표] 앞뒤로 각각 5회 × 3세트

1 어깨뼈를 잡는다.

왼팔을 위로 올린 후 오른손 엄지손가락은 왼쪽 겨드랑이
아래에 두고, 나머지 네 손가락으로 왼쪽 어깨뼈를 쥔다.

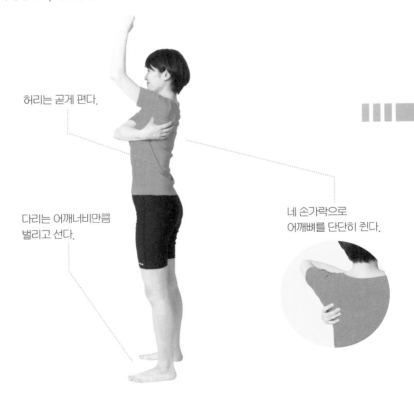

허리는 곧게 편다.

다리는 어깨너비만큼
벌리고 선다.

네 손가락으로
어깨뼈를 단단히 쥔다.

② 팔을 앞뒤로 돌린다.

왼팔을 어깨와 나란한 위치까지 내려 안쪽으로 5회, 바깥쪽으로 5회씩 돌린다. 반대쪽 팔도 똑같이 안쪽으로 5회, 바깥쪽으로 5회씩 돌린다.

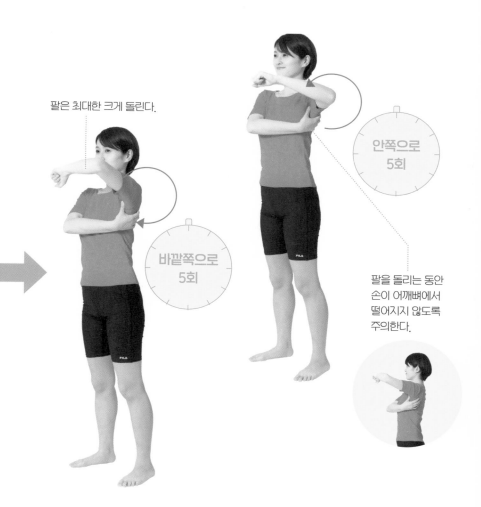

팔은 최대한 크게 돌린다.

안쪽으로
5회

바깥쪽으로
5회

팔을 돌리는 동안
손이 어깨뼈에서
떨어지지 않도록
주의한다.

어깨뼈 스트레칭 ④
수건으로 하는 랫 풀 다운

[동작 포인트] | 어깨 올림 | 어깨 내림 | 내전 | 외전 | 상방회전 | 하방회전 |

[하루 목표]   10회 × 2세트

1 팔을 머리 위로 올린다.

수건을 어깨너비보다도 넓게 손에 쥐고 머리 위로 올린다.

양팔은 곧게 편다.

다리는 어깨너비만큼
벌리고 선다.

NG

수건을 어깨너비보다 좁게 잡
으면 어깨뼈의 가동 범위가
좁아진다.

② 양팔을 아래로 끌어당긴다.

수건이 목뒤에 닿도록 팔꿈치를 굽혔다가 다시 팔을 뻗어
①번 자세로 돌아간다. 총 10회 반복한다.

천천히 당길수록
어깨뼈가 더 많이 풀린다.

허리는 곧게 편다.

수건이 목뒤에 닿도록
가볍게 잡아당긴다.

※풀 다운이란 팔을 아래로 끌어당기는 동작을 뜻한다.

TIP

만약 허리 및 다리 힘이 약하
다면 의자에 앉은 채로 진행
해도 좋다. 앉아서도 충분히
굳은 어깨뼈를 풀 수 있다.

어깨뼈 스트레칭 ⑤
맨손으로 하는 로잉 운동

[동작 포인트]	어깨 올림	어깨 내림	내전	외전	상방회전	하방회전

[하루 목표]   5회 × 3세트

1 팔을 앞으로 뻗는다.

다리를 어깨너비만큼 벌리고 서서 양팔을 앞으로 쭉 뻗는다.

손끝까지 반듯하게 뻗는다.

다리는 어깨너비만큼
벌리고 선다.

NG

팔을 앞으로 뻗을 때 등이 둥
글게 말리지 않도록 주의한
다. 먼저 허리를 곧게 편 다음
에 양팔을 앞으로 쭉 뻗는다.

양팔을 수평으로 당긴다.

팔과 바닥이 수평을 이루도록 두고, 양 팔꿈치를 가능한 범위까지 천천히 당겨 그대로 5초간 유지한 후, ①번 자세로 돌아간다. 총 5회 반복한다.

5초
유지

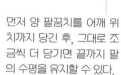

먼저 양 팔꿈치를 어깨 위치까지 당긴 후, 그대로 조금씩 더 당기면 끝까지 팔의 수평을 유지할 수 있다.

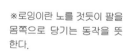

※로잉이란 노를 젓듯이 팔을 몸쪽으로 당기는 동작을 뜻한다.

NG

팔과 바닥이 수평을 이루지 않으면 팔꿈치를 당겨도 어깨뼈는 조이지 않는다.

어깨뼈 스트레칭 ⑥
양손으로 벽 모퉁이 밀기

[동작 포인트] 어깨 올림 | 어깨 내림 | **내전** | 외전 | 상방회전 | 하방회전
[하루 목표]   3회 × 3세트

1 양손으로 벽을 짚는다.

벽 모퉁이를 보고 서서 팔꿈치를 굽힌 채 양손으로 벽을 짚는다.
어깨뼈가 잘 움직이도록 팔은 옆구리에 붙인다.

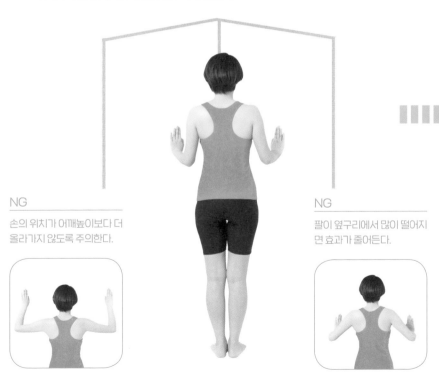

NG

손의 위치가 어깨높이보다 더
올라가지 않도록 주의한다.

NG

팔이 옆구리에서 많이 떨어지
면 효과가 줄어든다.

2 앞쪽으로 몸을 기울인다.

몸 앞쪽에 체중을 실어 가슴을 내민 자세로 10초간 유지한
후, ①번 자세로 돌아간다. 총 3회 반복한다.

10초
유지

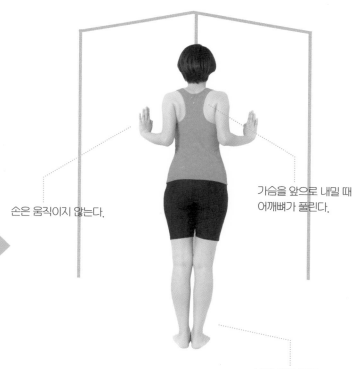

손은 움직이지 않는다.

가슴을 앞으로 내밀 때
어깨뼈가 풀린다.

발에 힘을 빼고
벽에 체중을 싣는다.

TIP

벽의 평평한 부분보다 모서리
를 이용하는 편이 어깨뼈를
푸는 데 더 효과적이다.

횡격막을 되살리는
4·4·8 호흡법

[하루 목표] 　3회 × 3세트

의자에 앉아 양손을 배
꼽 위에 얹는다.

숨을 들이쉰다. 배가
볼록해지는 것을 느끼
면서 4초간 코로 숨을
들이쉰다.

4초
유지

4초간 숨을 멈춘다.

4초
유지

④

배를 다시 집어넣으면
서 8초간 코로 숨을 내
쉰다. ①~④번 동작을
총 2회 반복한다.

8초
유지

TIP

횡격막의 움직임이 부드러워
지면 이 호흡을 반복하는 것
만으로도 머리가 상쾌해진다.

스트레칭 효과가
2배로 늘어나는 호흡의 잠재력

    횡격막의 기능을 되살리기 위해서는 복식호흡을 하는 것이 가장 효과적입니다. 평상시에도 복식호흡으로 숨을 쉬면 어깨뼈 운동의 효과가 더욱 좋아집니다.

    흔히 복식호흡을 배로 숨을 쉬어 복부가 볼록해지는 호흡법이라고 알고 있는데, 사실 배에 공기가 차면서 복부가 볼록해지는 것이 아닙니다. 숨을 들이쉬면 폐에만 공기가 들어갑니다. 복식호흡 시에 배가 볼록해지는 이유는 숨을 들이쉬면 횡격막이 내려가면서 위, 장, 간 등 소화기관이 위치한 복강도 아래로 내려가 갈 곳을 잃은 소화기관이 앞으로 밀려나기 때문입니다. 그리고 숨을 내쉬면 횡격막이 올라가면서 복강이 원래 위치로 돌아오며 배가 다시 들어갑니다.

횡격막을 위아래로 움직여야 한다고 생각하니 왠지 어렵게 느껴질 수도 있습니다만 이미 우리는 평소에 복식호흡과 늑간근을 사용해서 흉곽을 여닫는 가슴호흡을 상황에 따라 나누어 사용하고 있습니다. 활동성이 높은 낮에는 가슴호흡으로 숨을 쉬고, 편안한 상태나 수면 중에는 복식호흡으로 숨을 쉽니다. 몸은 본래 이 2가지 호흡법을 적절히 나누어 쓰고 있습니다.

그런데 어깨뼈가 뻣뻣하게 굳으면 본래의 호흡법이 제 기능을 하지 못하므로 점점 복식호흡이 어려워지는 것입니다. 그뿐만이 아니라 자세가 구부정해지니 흉곽이 압박되어 가슴호흡까지 효과가 떨어지게 됩니다. 이제 이 책을 통해 횡격막을 사용하는 호흡법을 다시 한번 익혀봅시다. 그러려면 어깨뼈 스트레칭과 함께 복식호흡을 습관화해야 합니다.

이제 다음 장에서 소개할 복식호흡 연습법도 따라 해봅시다. 이번에는 천장을 보고 누워서 진행하는 호흡법입니다. 등을 바닥에 붙이면 가슴을 움직이기 어려워지므로 자연스레 복식호흡으로 숨을 쉬게 됩니다. 이 호흡법을 꾸준히 연습해 복식호흡의 감각을 익혀봅시다.

누워서 하는
복식호흡 연습법

((STEP 1)) 배 위에 손을 얹는다.

 숨을 들이쉰다.

천장을 보고 누워 양 무릎을 세우고, 가슴 아래와 배 위에
각각 손을 얹는다. 코로 숨을 내쉰 후, 다시 코로 숨을 들이
쉰다.

턱이 들리는 경우,
베개를 베고 누워 턱
을 가볍게 당긴다.

무리하게 배를 부풀
리려 하지 않는다.

배가 볼록해지면서
손이 올라가는 감각
에 집중한다.

2 숨을 내쉰다.

천천히 코로 숨을 내쉬면서 배가 들어가는지 확인한다.

한꺼번에 내쉬지 말
고 천천히 일정한 속
도로 내쉰다.

((STEP 2)) 배 위에 책을 두고 진행한다.

매일
2~3분

 숨을 들이쉰다.

천장을 보고 누워 양 무릎을 세우고, 가슴 아래에는 손을,
배 위에는 500g 정도 무게의 책 한 권을 둔다. 코로 숨을 내
쉰 후 다시 코로 숨을 들이쉰다.

턱이 들리는 경우,
베개를 베고 누워 턱
을 가볍게 당긴다.

배가 볼록해지면서
책이 위로 올라가는
지 확인한다.

익숙해지면 책의 무
게를 조금씩 늘린다.

2 숨을 내쉰다.

천천히 코로 숨을 내쉬면서 책이 아래로 내려가는지 확인한다.

한꺼번에 내쉬지 말
고 천천히 일정한 속
도로 내쉰다.

어깨가 가벼워지면
인생도 가벼워진다

    하루 3분 어깨뼈 스트레칭과 4·4·8 호흡법은 물론, 언제 어디서든 할 수 있는 복식호흡도 함께 꾸준히 실천해보길 바랍니다.

    운동뿐 아니라 호흡법까지 습관화하면 어느새 어깨뼈의 가동 범위가 늘어나 자연스레 횡격막을 사용해 숨을 쉬게 될 겁니다. 이를테면 몇 주 안에, 단기간에 불편한 부분이 모두 개선되기는 어렵겠지만 꾸준히 계속하면 분명 조금씩 몸에 변화가 생길 것입니다.

    – 뭉친 어깨가 부드러워졌다.

- 찌뿌둥한 느낌이 사라졌다.

- 몸이 가벼워졌다.

- 피로감이 많이 나아졌다.

사람에 따라 위와 같은 변화는 금방 나타날 수도 있습니다. 만약 각종 신체적 질환의 원인이 뻣뻣한 어깨뼈였다면 다른 증상들도 곧 개선될 것입니다.

3장

어깨뼈를 풀어서
자율신경 밸런스를 되찾는다

어깨뼈가 무너지면
뇌도 위험해진다

3장부터는 뻣뻣한 어깨뼈가 건강에 끼치는 악영향에 관하여 좀 더 상세하게 설명하겠습니다. 뻣뻣한 어깨뼈가 여러 신체적 질환의 원인이 되는 이유는 우리가 살아가는 데 절대 빼놓을 수 없는 호흡과 깊게 연관되어 있기 때문입니다.

먼저 호흡에 관한 이야기를 해봅시다. 우리 몸은 왜 숨을 쉴까요? 모두 잘 알다시피 산소를 체내에 흡수하기 위함입니다. 산소는 몸을 구성하는 약 60조 개의 세포가 활동하는 데 꼭 필요한 에너지원입니다. 이 수많은 세포 안에는 각각 '미토콘드리아'라는 에너지 생산 공장이 있는데, 호흡으로 흡수된 산소와 식사를 통해 섭취한 영양소를 바탕으로 에너지를 생성합니다.

호흡이 24시간 내내 쉼 없이 이루어져야 하는 이유는 영양소와 달리 산소는 체내에 쌓아둘 수 없기 때문입니다. 미토콘드리아 공장에서 생성되는 에너지는 ATP(아데노신삼인산)라고 부르는데, 이 ATP도 체내에 계속 머무르지 못하고 평균 1분 이내에 소비됩니다. ATP의 하루 평균 생산량은 자신의 체중과 비슷한 양이라고 보면 됩니다. 미토콘드리아는 밤낮으로 쉼 없이 그 많은 양을 계속해서 만들어내고 있습니다.

이렇게 미토콘드리아 공장에서 산소를 흡수하는 과정을 두고 호흡이라고 부릅니다. 자세히 설명하자면 외부에서 체내로 산소를 흡수하는 '폐호흡(외호흡)'과 체내에 들어온 산소를 세포 내로 흡수하는 '세포호흡'까지 이루어져야 비로소 에너지가 생성됩니다.

어깨뼈가 뻣뻣하게 굳어 호흡이 얕아지면 세포호흡에 지장이 생깁니다. 바로 몸 속의 산소가 부족해져서 원재료의 운반에 차질이 생기는 것입니다. 충분한 산소가 전달되지 않은 부위에는 당연히 문제가 발생합니다. 예컨대 근육 세포에 문제가 생긴다면 어깨 결림 및 요통, 피부 세포라면 기미, 주름 혹은 피부 탄력이 떨어지는 등의 증상이 나타납니다.

무엇보다 산소가 부족한 경우, 가장 문제가 되는 부위는 뇌입니다. 뇌의 무게는 체중의 약 2%를 차지하지만 산소 소비량은 무려 전체의 약 20%에 달합니다. 그만큼 뇌는 산소를 많이 필요로 하는 장기여서 산소 공급이 5분만 중단되어도 괴사가 시작됩니다.

특히 뇌는 조금만 산소가 부족해도 바로 증상이 드러납니다. 대표적인 예가 어지럼증입니다. 누구나 한 번쯤 갑자기 일어섰을 때 머리가 띵하며 어지러운 느낌이 든 적이 있을 겁니다. 어지럼증은 뇌에 산소가 부족할 때 나타나는 증상 중의 하나입니다.

또 집중력 및 판단력 저하, 잦은 건망증, 계속되는 졸음, 반복되는 두통은 모두 뇌에 산소가 충분히 공급되지 않아 생기는 문제입니다. 이러한 증상으로 고민하는 분들은 호흡이 얕아졌을 가능성이 높습니다.

더 깊고, 더 오래 쉬는
호흡의 중요성

호흡이 얕아지면 폐호흡 1회당 흡수할 수 있는 산소의 양이 줄어듭니다. 그래서 호흡이 얕아질수록 세포에 산소가 부족해집니다. 게다가 산소는 단순히 흡수한 양만큼만 줄어드는 것도 아닙니다.

폐호흡을 통해 체내로 들어온 공기가 모두 폐로 공급되는 것은 아닙니다. 그중 일부는 몸속으로 들어와도 폐포까지 도달하지 못한 채 그대로 다시 밖으로 나가는데, 평균적으로 호흡 1회당 공기 150㎖가 체내에 흡수되지 않고 다시 밖으로 배출됩니다. 호흡이 깊든 얕든 간에 배출되는 산소의 양은 일정합니다. 즉 호흡이 얕아질수록 체내로 흡수되는 산소의 양이 줄어들 수밖에 없다는 뜻입니다.

　성인의 경우 1분간 약 15회 정도 호흡합니다. 1회 호흡으로 흡수되는 공기의 양(환기량)은 평균 500㎖ 정도인데, 그중 21%는 산소로, 78%는 질소로 이루어져 있습니다. 이를 하루 치 공기의 양으로 환산하면 약 10,000ℓ 이상, 즉 500㎖ 페트병 2만 개와 맞먹습니다.

　예를 들어 폐호흡을 통해 공기 500㎖를 흡수해도 세포로 공급되는 양은 350㎖ 정도입니다. 1분간으로 계산하면 공기 7,500㎖를 흡수해서 그중 5,250㎖가 세포로 공급됩니다.

　그런데 호흡이 얕아져서 세포로 공급되는 공기의 양이 줄어들면 어떻게 될까요? 예컨대 1회 환기량이 평균에서 절반 정도 줄어든 250㎖라고 가정했을 때, 같은 양의 공기를 흡수하려면 약 30번의 호흡이 필요합니다. 그러면 호흡 1회당 세포로 공급되는 공기의 양은 100㎖이므로 30회 동안 총 3,000㎖가 공급되어 1분 동안 공기의 양이 무려 2,250㎖나 줄어드는 셈입니다.

　이렇듯 호흡의 깊이에 따라 세포로 공급되는 산소의 양이 크게 달라짐을 알 수 있습니다. 호흡이 얕아지는 만큼 세포의 활동성이 떨어져서 몸에 각종 이상 증상이 발생하게 됩니다.

때로는 산소보다
더 중요한 이산화탄소

얕은 호흡은 체내로 흡수되는 산소의 양을 감소시키는 원인이 되기도 하지만 아이러니하게도 그로 인해 호흡수가 늘어날수록 산소 부족 현상은 더욱 심각해집니다.

폐호흡으로 흡수된 산소는 혈관을 통해 각 세포로 운반됩니다. 이때 산소를 운반하는 역할을 담당하는 세포가 헤모글로빈입니다. 쉽게 말해 혈관이 도로라면 헤모글로빈은 배송 차량으로 빗댈 수 있습니다. 단, 헤모글로빈이 목적지인 세포에 도착해도 자동으로 산소가 전달되지는 않습니다. 헤모글로빈이 산소를 분리해서 세포에 전달하려면 일정 농도의 이산화탄소가 필요합니다.

그 말은 즉, 세포 내 이산화탄소의 양이 부족하면 충분한 산소가 세포로 공급되지 않는다는 뜻입니다. 그리고 전달하지 못한 산소는 배송 차량인 헤모글로빈에 그대로 실린 채 다시 몸 밖으로 배출됩니다.

이산화탄소의 양은 호흡수와 깊게 관련되어 있습니다. 대기 중의 이산화탄소 농도는 약 0.04%이지만 우리가 숨을 내쉴 때의 이산화탄소 농도는 5%입니다. 호흡 1회당 들숨의 125배에 달하는 이산화탄소를 내뱉는 셈입니다. 따라서 호흡수가 증가할수록 내뱉는 이산화탄소의 양이 늘어나 체내 이산화탄소의 농도는 감소합니다.

체내 이산화탄소의 양이 부족해지면 아무리 헤모글로빈이 산소를 운반해도 세포는 산소를 흡수하지 못하고 그대로 되돌려 보내는 수밖에 없습니다. 그 결과, 세포는 저산소증에 빠지게 됩니다. 이산화탄소는 불필요한 노폐물이라고 인식하기 쉬운데, 실은 산소보다도 중요한 존재가 이산화탄소입니다.

물론 건강이 양호한 상태라면 호흡의 깊이와 상관없이 혈중 산소의 양이 부족해지는 일은 거의 없습니다. 대부분 산소가 남아서 평상시라면 약 75%가, 운동 중이라면 20~25%가 사용되지 않고 체외로 배출됩니다.

호흡이 얕아지면
활성산소가 증가한다

호흡이 얕아지면 호흡수가 증가하여 체내 이산화탄소 양이 부족해지는데, 그로 인해 산소가 체내에 흡수되지 않고 남으면 건강을 해치는 또 다른 문제가 발생합니다. 바로 '활성산소'가 증가합니다.

활성산소는 강한 독성 물질로, 미토콘드리아 공장에서 에너지가 생성될 때 흡수된 산소 중 1~2%가 활성산소로 변합니다. 하지만 이 과정에서 생긴 활성산소가 바로 해를 끼치지는 않습니다. 활성산소의 독성은 체내에 침입한 바이러스나 세균을 공격해 우리 몸을 든든하게 지켜줍니다.

그러나 활성산소가 과하게 늘어나면 순식간에 아군이 적

군으로 변하여 멀쩡한 세포를 공격하기 시작합니다. 이것이 산화 현상입니다. 활성산소에 공격당한 세포는 점차 기능이 저하되어 최악의 경우 세포 자체가 죽어 소멸합니다. 마치 금속이 산화하면 녹슬어 너덜너덜해지듯 세포도 똑같이 녹슬어 퇴화하는 것입니다.

활성산소가 늘어나는 원인 중 하나는 노화에 따른 항산화 기능의 약화입니다. 우리 몸의 항산화 시스템은 20대를 정점으로 매년 조금씩 쇠퇴합니다. 활성산소 처리 능력이 떨어져 각종 신체 기능이 점차 저하되는 것을 두고 노화 현상이라고 부릅니다.

다음으로 또 다른 이유는 활성산소의 대량 발생입니다. 스트레스, 과음, 불규칙한 생활 습관, 흡연, 인공 첨가물이 포함된 식품 과다 섭취, 자외선 노출, 격한 운동 등 발생 인자는 매우 다양합니다만 모두 산소를 원료로 한다는 점이 공통적입니다. 다시 말해 물리적·육체적·정신적 스트레스의 영향으로 대량의 활성산소가 발생하게 됩니다.

이렇게 발생한 활성산소는 세포를 공격하기 시작하는데, 그것이 바로 만병의 근원이 됩니다. 이때 활성산소로 인한 피해를 가장 크게 받는 부분이 혈관입니다. 혈관 안에는 혈액과 산소 외에 콜레스테롤도 함께 흐릅니다. 콜레스테롤은 지방의 일종으로써 세포막을 형성하거나 호르몬 원료로 쓰이는 등 우리 몸에 중요한 영양소 중의 하나입니다.

그중 LDL 콜레스테롤이 있습니다. 몸에 필요한 성분이지만 정상 범위를 넘어서면 문제가 됩니다. 이는 활성산소의 영향을 받아 산화 LDL 콜레스테롤로 변해 혈관 벽을 상하게 하고, 혈관 확장 작용을 방해합니다. LDL 콜레스테롤은 점점 커지고 쌓여서 혈관 벽에 혹처럼 붙어 뇌경색이나 심근경색의 원인이 됩니다. 물론 LDL 콜레스테롤만이 원인이라고 할 수는 없지만 이와 같은 질환을 초래하는 매우 큰 발병 요인으로 볼 수 있습니다.

낮에는 무기력증으로, 밤에는 불면증으로 고통받는 이유

1장에서 어깨뼈가 뻣뻣해지면서 호흡이 얕아졌을 때의 가장 큰 단점이 자율신경 조절 능력 저하라고 설명했습니다. 폐호흡과 마찬가지로 세포호흡도 자율신경이 담당합니다. 그러므로 자율신경이 무너지면 당연히 세포호흡에도 문제가 생깁니다.

우리가 의식하지 않아도 호흡을 반복하고, 심장이 계속 뛰고, 체온이 유지되는 이유는 모두 자율신경이 제 기능을 하고 있기 때문입니다. 자율신경이 정상적으로 작동하는 덕분에 모든 이가 생명을 유지할 수 있습니다. 호르몬과 더불어 우리 몸의 2대 제어장치에 해당하는 자율신경에는 서로 다른 역할을 하는 두 개의 신경이 존재합니다.

하나는 '투쟁과 도피의 신경'이라고 불리는 교감신경입니다. 마치 자동차의 가속 장치인 액셀과 같은 역할을 하며 몸의 활동성을 높입니다. 그래서 교감신경이 활성화되면 심박수가 늘어나고, 혈관이 수축하며 혈압이 올라 땀샘이 열립니다.

다른 하나는 '식사와 휴식의 신경'이라고 불리는 부교감신경입니다. 우리 몸을 쉬게 하는 브레이크 같은 역할을 하며 부교감신경이 활성화되면 심박수가 줄고, 혈관이 확장되어 혈압이 내려가 위장의 소화 기능을 촉진합니다. 건강을 유지하려면 이 교감신경과 부교감신경 기능이 균형 있게 작동해야 합니다.

만약 교감신경이 계속 활성화되면 혈관이 지속적으로 수축해 혈액 순환을 방해합니다. 또 혈압이 올라가 혈관에 손상을 입히면 뇌경색 및 심근경색 발병 위험이 커집니다. 반대로 활발히 움직여야 하는 낮에 부교감신경의 활성화 상태가 지속되면 과하게 긴장이 풀려 몸도 마음도 늘어지게 됩니다.

그렇다면 자율신경이 가장 균형 있는 상태란 어떤 상태를 말하는 걸까요? 바로 교감신경과 부교감신경이 모두 안정적으로 활발한 상태를 말합니다. 이것을 두고 '자율신경의 종합

((교감신경과 부교감신경의 기능))

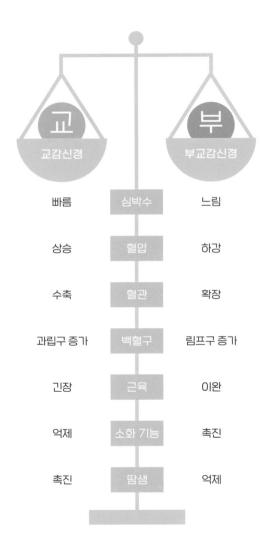

교감신경		부교감신경
빠름	심박수	느림
상승	혈압	하강
수축	혈관	확장
과립구 증가	백혈구	림프구 증가
긴장	근육	이완
억제	소화 기능	촉진
촉진	땀샘	억제

력(Total Power)'이 높다고 표현합니다.

　그러나 안타깝게도 자율신경의 종합력은 10대를 기준으로 정점에 다다르고 나이를 먹으면서 서서히 떨어집니다. 그러다가 남성은 30대에, 여성은 40대에 급격하게 줄어듭니다. 이후에는 10년 단위로 약 15%씩 감소합니다.

　자율신경의 종합력이 감소하는 주된 요인은 부교감신경의 쇠퇴입니다. 나이를 먹어도 교감신경은 어느 정도 유지되지만 부교감신경은 계속해서 감소합니다. 나이가 들수록 잠이 잘 들지 않는 이유는 우리 몸이 부교감신경으로 전환되어야 하는 시간대까지 교감신경이 활성화되어 있기 때문입니다.

　게다가 현대인들은 교감신경이 과하게 활성화될 수밖에 없는, 스트레스 유발 요인이 가득한 사회에 살고 있어 두 신경의 격차가 점점 더 벌어지고 있습니다. 자율신경 불균형으로 인한 컨디션 난조는 현대인들의 특징이라 할 수 있을 정도입니다.

　특히 이 자율신경의 불균형에 박차를 가하는 요인이 다름 아닌 얕은 호흡입니다. 호흡이 얕아지면 교감신경을 자극합니다. 가슴호흡과 복식호흡으로 적절히 나누어 숨을 쉬면 부교감신경이 쉽게 촉진되지만 어깨뼈가 뻣뻣하게 굳어 호흡이 얕아지면 교감신경만이 계속 활성화됩니다. 우리 몸의 자율신경 균형이 자꾸만 무너지는 이유, 어쩌면 뻣뻣하게 굳은 어깨뼈가 원인일지도 모릅니다.

우리 의지로 조절할 수 있는
자율신경의 힘

사회적 스트레스가 높은 시대를 살아갈 수밖에 없고, 또 어깨뼈가 뻣뻣하게 굳어 있어 교감신경이 계속 활성화되어 있다면 어떻게 해야 자율신경의 종합력을 높일 수 있을까요. 어깨뼈 스트레칭과 4·4·8 호흡법이 그 해답입니다.

자율신경의 종합력을 높이려면 부교감신경을 끌어올려야하는데, 앞서 설명한 바와 같이 자율신경은 본인의 의지와 상관없이 움직입니다. 하지만 우리 의지로 자율신경 기능에 개입할 수 있는 방법이 딱 하나 있습니다. 바로 '심호흡'입니다.

심호흡은 내 힘으로 자율신경을 조절할 수 있는 유일한 방법입니다. 조금 더 정확히 말하자면 횡격막을 사용한 복식호흡만이 무너진 자율신경을 재정비하는 방법이 된다는 뜻이기도 합니다. 복식호흡이 자율신경을 조절할 수 있는 이유는 횡격막 주변에 자율신경이 모여 있기 때문입니다. 복식호흡을 통해 숨을 천천히 내쉬면 횡격막이 서서히 이완되어 부교감신경이 활성화됩니다.

횡격막이 제대로 움직여 확실하게 이완될수록 자율신경 센서가 민감하게 반응하여 자연스레 부교감신경의 기능이 항진됩니다. 반대로 폐호흡으로 숨을 쉬는데도 횡격막이 크게 움직이지 않는다면 공기를 체내에 들여보내기만 할 뿐 자율신경에는 영향을 주지 못할 것입니다.

이처럼 자율신경의 조절이 어려워지는 결정적 이유 중 하나는 어깨뼈가 뻣뻣해지고 호흡이 얕아져 횡격막을 거의 움직이지 못하기 때문입니다. 즉 자율신경을 다스리는 유일한 방법을 제대로 활용하지 못하고 있다는 이야기가 되는 것입니다.

그렇기에 더더욱 스트레칭을 따라 해서 어깨뼈를 부드럽게 푼 다음, 횡격막을 사용하는 호흡법을 훈련해야 합니다. 본인의 의지로 자율신경을 조절할 수 있게 되면 다양한 건강 효과가 함께 따라올 겁니다.

스트레스와 불안감으로부터
몸을 보호하는 방법

올바른 호흡을 통해 횡격막을 사용해서 호흡하게 되면 언제든지 부교감신경을 깨울 수 있는 상태가 됩니다. 부교감신경 영역의 스위치가 켜지면 스트레스나 불안감을 해소하는 데 탁월한 효과가 있습니다. 이를 깨우면 마음이 차분해지고, 대상을 객관적으로 보게 되어 냉정한 판단을 내릴 수 있게 됩니다. 부교감신경의 활성화가 심적인 영역에 작용하는 이유는 자율신경과 연동하여 움직이는 호르몬 기능과 관련이 있기 때문입니다.

여기서 호르몬에 대해 잠시 짚고 넘어가겠습니다. 호르몬은 자율신경과 더불어 우리 몸의 2대 제어장치에 해당합니다.

자율신경이 교감신경과 부교감신경을 교대로 활성화하며 즉 각적으로 반응하는 데 비해, 호르몬은 여럿이 복합적으로 기 능하며 천천히 작용합니다.

스트레스나 불안감의 영향으로 교감신경이 활성화되었을 때 분비되는 것이 노르아드레날린과 코르티솔이라는 호르몬 입니다. 노르아드레날린은 뇌를 각성시켜 의욕을 끌어올리 고, 코르티솔은 혈압 및 혈당치를 올려 스트레스를 억제하는 등 각각 적당한 양이 분비될 때는 순기능을 하지만 과하게 분 비될 때에는 불안감 및 공포감이라는 감정을 일으키고, 나아 가 고혈압, 고혈당 등의 악영향을 가져오기도 합니다.

이러한 노르아드레날린과 코르티솔의 폭주를 막아주는 호 르몬이 행복 호르몬으로 불리는 세로토닌입니다. 세로토닌은 주로 운동을 통해 분비됩니다. 세로토닌이 분비되면 정신이 안정되어 우리가 쉽게 스트레스를 받지 않도록 도와주기도 합 니다. 참고로 마음의 감기로 불리는 우울증의 치료제에도 세 로토닌 농도를 유지하도록 도와주는 성분이 사용됩니다.

호흡이 깊어지면
뇌파도 변한다

부교감신경을 깨우는 깊은 호흡이 가능해지면 뇌파까지 변화합니다. 뇌파는 주파수에 따라 알파, 베타, 세타, 델타로 나뉩니다.

- 알파(α)파 : 심신이 안정된 상태 또는 집중하고 있을 때.
- 베타(β)파 : 불안 및 초조한 상태 또는 흥분했을 때.
- 세타(θ)파 : 졸릴 때 또는 얕은 수면 상태.
- 델타(δ)파 : 잠든 상태 또는 의식이 없을 때.

두뇌 활동이 가장 높아져 높은 퍼포먼스를 발휘할 수 있을 때가 알파파가 활성화된 상태입니다. 그리고 교감신경이 지나치게 활성화되면 베타파가 증가합니다. 하지만 어깨뼈 리셋 운동으로 호흡법이 바뀌어, 부교감신경이 우세해지면 알파파도 얼마든지 더 증가시킬 수 있습니다.

감기에 잘 걸리지 않는
사람들의 비밀

호흡이 깊어지면 면역력도 높아집니다. 우리 몸에는 본디 바이러스나 세균 등의 외부 침입으로부터 몸을 지키는 방어 시스템이 완비되어 있습니다. 이것이 면역 기능입니다. 그리고 면역 기능의 주역이 바로 혈액에 흐르는 백혈구입니다. 과립구, 림프구, 단핵구 등의 백혈구가 외적을 무찌르는 역할을 하는데, 이 가운데 조금 골치 아픈 세포가 과립구입니다.

과립구는 양면성을 갖고 있는 세포입니다. 평소에는 체내에 들어온 이물이나 세균 등을 먹어 치워 몸을 지켜주지만 반대로 수가 지나치게 늘어나면 멀쩡한 세포를 공격하는 활성산소를 대량으로 생성합니다. 그리고 교감신경의 활성화 상태가 지속되면 과립구 수가 필요 이상으로 증가합니다. 따라서 과립구가 과하게 증가하는 것을 막으려면 부교감신경을 깨워야 합니다.

부교감신경이 활성화되면 과립구의 수도 균형을 찾아가고, 또한 림프구의 수가 늘어나 감기나 독감 등에 잘 걸리지 않게 됩니다. 그뿐만이 아니라 건강한 사람의 몸에도 매일 약 5,000개씩 만들어진다는 암세포도 제거해줍니다.

다시 한번 정리하겠습니다. 어깨뼈가 뻣뻣하게 굳어 호흡의 질이 나빠지면 세포호흡에 지장이 생겨 활성산소가 증가하고, 자율신경이 무너지는 데다 흐트러진 자율신경을 내 의지로 조절하는 것마저 어려워집니다. 그렇게 온갖 신체적 질환이 발생하는 것입니다. 단순히 나이가 들어서 몸이 아픈 것이 아닙니다.

이제 어깨뼈 스트레칭과 4·4·8 호흡법을 실천하여 항상 깊은숨을 쉴 수 있는 몸으로 되돌려봅시다. 세포가 건강해져서 녹슬지 않는 몸으로 변하면 본인의 의지로 자율신경 균형도 다스리고, 신체 나이도 되돌릴 수 있습니다.

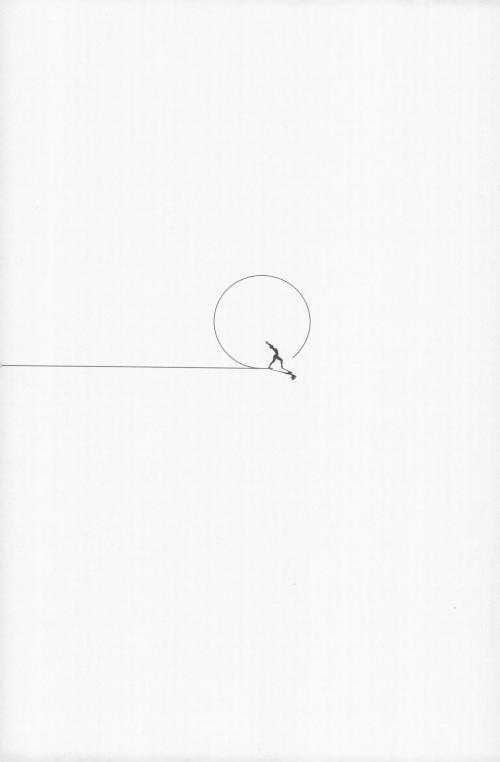

4장

바른 어깨와 호흡으로
모세혈관이 젊어진다

사람은 나이 때문이 아니라 혈관 때문에 늙는다

어깨뼈가 뻣뻣하게 굳으면 우리 몸에서 매우 중요한 역할을 하는 혈관에도 악영향이 미칩니다.

어깨뼈 주변 근육이 약해지면 당연히 혈액 순환에 문제가 생깁니다만 뻣뻣하게 굳은 어깨뼈가 혈관에 끼치는 악영향은 훨씬 더 심각합니다. 몸 곳곳에 통증이 생기고 불편한 증상이 나타나는 이유는 바로 손상된 혈관 때문입니다. '사람은 혈관부터 늙는다'라는 말이 있듯이 각종 생활습관병부터 심장병이나 뇌졸중 같이 생명을 위협하는 질병은 모두 혈관의 노화에서 비롯됩니다.

그런데 여러분, 혈관이라는 말을 들으면 어떤 이미지가 떠

오르나요? 아마 동맥이나 정맥 같은 굵은 혈관을 떠올리는 분이 많을 듯싶습니다. 심근경색 및 뇌졸중을 설명할 때 쓰이는 사진이나 헌혈을 할 때 주삿바늘을 찔러넣는 혈관의 이미지가 가장 대중적으로 널리 알려져 있기 때문일 겁니다.

혈관은 동맥, 정맥 그리고 최근 의학계가 주목하고 있는 모세혈관을 포함하여 총 세 종류가 있습니다. 동맥은 심장에서 내보낸 혈액이 지나는 혈관이고, 정맥은 심장으로 돌아가는 혈액이 흐르는 혈관입니다. 모세혈관은 온몸의 세포 주변에 그물처럼 뻗어 있는 혈관을 말합니다. 심장에서 내보낸 혈액은 동맥에서 나와 모세혈관, 정맥 순으로 흘러 40~60초 만에 우리 몸을 한 바퀴 순환합니다.

3가지 혈관 중에 가장 많은 수를 차지하는 것이 모세혈관입니다. 더 정확히 말하자면 혈관 대부분은 모세혈관으로 이루어져 있으며, 그 비율은 99%에 달합니다. 길이는 총 99,000㎞나 됩니다. 동맥, 정맥, 모세혈관의 면적 비율은 제각각 1:2:700~800 정도로 계산됩니다.

모세혈관은 맨눈으로 확인할 수 없을 정도로 매우 얇은 혈관인데, 전체 혈관 중 99%를 차지하는 만큼 손상을 입거나 기능이 저하되면 해당 모세혈관이 있는 신체 부위에 당연히 문제가 생깁니다. 그리고 이 모세혈관을 상하게 만드는 주된 요인은 다름 아닌 뻣뻣해진 어깨뼈입니다.

검지 손톱을 꾹 눌러보면
모세혈관의 상태가 보인다

모세혈관의 주요 역할은 1장에서 소개한 바와 같이 총 5가지로 나뉩니다.

① 산소를 운반하고 이산화탄소를 회수한다.

② 영양소를 운반하고 노폐물을 회수한다.

③ 면역세포를 운반한다.

④ 호르몬을 운반하여 정보를 전달한다.

⑤ 체온을 일정하게 유지한다.

이 역할들을 나열해보면 모세혈관은 여러 가지를 운반하

는 '통로 역할'을 한다는 사실을 알 수 있습니다. 배송 트럭에 실린 수하물이 고속도로나 간선도로 등 큰길을 거쳐 집 앞 골목을 지나 현관 앞까지 오게 되듯이, 우리 몸에는 모세혈관이 존재하기에 산소와 영양소를 세포에 전달할 수 있고, 불필요해진 노폐물이나 산소와 맞바꾼 이산화탄소를 회수할 수 있습니다.

미토콘드리아 공장에서 에너지를 생성하는 데 필요한 세포호흡은 폐호흡을 통해 아무리 산소를 체내에 들여보내도 정작 모세혈관이 없다면 그 어떤 일도 성립되지 않습니다. 그래서 약 60조 개에 달하는 온몸의 모든 세포가 모세혈관과 0.03㎜ 이내에 존재합니다.

뻣뻣하게 굳은 어깨뼈가 모세혈관을 망가뜨리는 원인이 되는 이유는 호흡의 질이 떨어지면서 자율신경 기능이 무너지기 때문입니다. 혈관을 지배하고 조절하는 것이 바로 자율신경인데, 만약 교감신경의 활성화 상태가 지속되어 신체의 밸런스가 무너지면 모세혈관 기능 또한 저하됩니다.

더 구체적으로 설명하자면 모세혈관 내의 혈액 순환 기능이 떨어져 결국 더는 혈액이 흐르지 않게 됩니다. 다시 말해 몸 속에서 어떠한 물질의 운반도 회수도 불가능해진다는 뜻입니다. 이러한 상태로 변한 모세혈관을 '고스트 혈관'이라고 부릅니다. 존재하지만 혈액이 흐르지 않는 혈관을 의미합니다.

고스트 혈관은 노화에 의해서도 발생합니다. 건강한 모세혈관 세포는 약 1,000일 정도가 지나면 새로운 세포로 다시 채워지는데, 40대부터 신진대사 기능이 떨어지면서 점차 죽는 세포 수가 증가해 60대가 되면 모세혈관 수가 40%나 감소합니다.

이때 고스트 혈관을 그대로 방치하면 혈관을 구성하는 세포가 죽어 혈관 자체가 소멸해버립니다. 그러면 당연히 모세혈관을 통해 산소와 영양소를 흡수하던 세포도 제대로 활동할 수 없게 되고, 졸지에 기능 부전 상태에 빠진 세포를 떠안게 된 장기나 기관에서는 각종 질환이 발생합니다.

그러면 여기서 여러분의 모세혈관은 얼마나 건강한지 확인해봅시다.

□ 건망증이 잦아졌고 쉽게 짜증이 난다. 몸이 무겁다.

□ 두근거림, 부정맥, 현기증, 고혈압 증상이 있다.

□ 몸에 멍이 잘 들고 상처가 잘 아물지 않는다.

□ 입이 건조하며 혀 색깔이 칙칙하다. 구취가 있다.

□ 체기, 위통, 복부팽만감이 있다.

□ 쉽게 피로감을 느끼며 감기에 잘 걸린다.

□ 다리가 저리거나 잘 붓고 손발이 차다.

□ 머리카락이 많이 빠지고 흰머리가 갑자기 늘었다.

□ 잠에 쉽게 들지 못하거나 설치는 편이다.

□ 안색이 나쁘고 피부가 거칠어지며 기미나 주름이 늘었다.

□ 안구건조증 또는 눈이 시리거나 침침한 증상이 나타나며 자주 충
   혈되고 눈곱이 많이 생긴다.

□ 코피가 잘 나고 콧물이 많다.

□ 손톱 색이 백색에 가까우며 손톱에 세로줄이 많고 표면이 울퉁불
   퉁하다.

여기서 몇 개나 해당하나요? 해당하는 항목이 많을수록 모
세혈관이 퇴화했다는 뜻입니다.

모세혈관의 퇴화 정도를 확인하는 또 다른 방법을 알려드
리겠습니다. 바로 손톱 압박 테스트입니다.

① 두 손가락으로 반대편 손의 검지 손톱 위아래를 감싸듯이 집어 5초간 세게 누른다.

② 꽉 쥐었던 두 손가락을 펴서 손톱 색깔을 관찰한다.

손가락을 뗀 직후에는 손톱 아래 위치한 모세혈관의 혈액이 밀려나 손톱 색이 하얗게 보일 겁니다. 그래도 금세 붉은색으로 다시 돌아옵니다. 색이 돌아오기까지 걸리는 시간이 2초 이내라면 정상입니다만 만약 그 이상 걸린다면 모세혈관의 순환에 문제가 있음을 의미합니다.

앞의 2가지 체크법 모두 결과가 좋지 않다면 여러분 삶의 질을 떨어뜨리는 신체적 질환의 주된 원인은 모세혈관의 퇴화일지도 모릅니다. 이제 모세혈관이 건강해지는 호흡법을 익혀두고 틈틈이 활용해봅시다.

유독 몸이
잘 붓는 편이라면

모세혈관의 중요한 역할 중 하나가 온몸의 곳곳에서 발생하는 노폐물의 회수입니다. 특히 노폐물이 뇌 내에 남아 있으면 뇌가 쉽게 지치게 되고, 근육 내에 남아 있으면 피로가 좀처럼 풀리지 않는 등 각종 컨디션 난조의 원인이 됩니다.

노폐물의 약 80~90%가 모세혈관을 통해 회수되어 정맥으로 흘러들고 곧 체외로 배출됩니다. 모세혈관의 기능이 둔해지거나 고스트 혈관으로 변하면 노폐물 대부분이 회수되지 않고 그대로 혈관 내에 방치됩니다.

그렇다면 모세혈관이 처리하지 못한 나머지 10~20%의 노폐물은 어떻게 처리될까요? 잔류 노폐물은 림프계(림프관 및 림프액)를 통해 회수됩니다. 림프계는 모세혈관에 엉겨 붙듯이 존재해 잔류 노폐물을 남김없이 깨끗하게 회수해줍니다.

이 림프계 기능도 실은 어깨뼈와 깊은 관련이 있습니다. 앞에서 혈액은 40~60초 만에 우리 몸을 한 바퀴 순환한다고 설명했는데, 림프계에는 혈액을 펌프로 밀어내는 심장 같은 장기가 존재하지 않기에 느릿느릿 운행됩니다. 1분 동안 24cm밖에 움직이지 않습니다. 그래서 림프계에서 회수한 노폐물이 종착역인 발끝부터 쇄골 아래에 있는 정맥각(내경정맥과 쇄골하정맥의 합류점)까지 오는 데 대략 한나절이나 걸립니다.

이러한 림프계의 순환 기능이 윤활하게 이뤄지도록 도와주는 중요한 부위 중 하나가 근육입니다. 근육이 수축함으로써 림프계는 훨씬 부드럽게 흐릅니다. 그런데 근육이 쇠약해졌거나 평소에 근육을 잘 쓰지 않아 움직임이 둔해지면 노폐물을 정맥각까지 운반하는 데 지장이 생깁니다.

이런 중요한 역할을 맡고 있는 대표적인 부위가 바로 쇄골 아래의 정맥각 가까이에 있는 어깨뼈 주변 근육입니다. 이는 중력을 거슬러 혈액을 끌어올리는, 일명 우리 몸의 '제2의 심장' 종아리와 같은 역할을 한다고 할 수 있습니다.

결국 어깨뼈가 뻣뻣하게 굳으면 모세혈관뿐만 아니라 림

프계 기능까지 악화시켜 쉽게 지치고, 피로가 좀처럼 풀리지 않는 몸으로 변해버리는 것입니다.

몸이 붓는 증상인 부종도 모세혈관 및 림프계가 막히면서 생기는 문제입니다. 체내 수분은 침투압을 이용해 혈관, 림프관, 세포와 세포 사이(내부 환경) 등을 지나다닙니다. 이 균형이 무너지면 세포와 세포 사이에 물이 고이게 되는데, 이것이 부종입니다.

잔류 노폐물과 마찬가지로 우리 몸에 불필요한 수분도 보통 림프계가 회수하는데, 림프계가 퇴화하거나 통로가 막히면 회수 기능에 차질이 생겨 피부 아래에 수분이 고이게 됩니다. 피부 아래에 고이는 이유는 림프관의 70%가 피하조직에 존재하기 때문입니다.

부종이 있다는 건 노폐물 및 피로 물질을 포함한 잔류 수분이 회수되지 않고 체내에 머무르고 있음을 의미합니다. 몸이 계속 무겁거나 피로가 쉽게 풀리지 않을 때는 모세혈관 및 림프계의 기능 이상도 의심해볼 필요가 있습니다.

위장 기능이
떨어지는 진짜 이유

장내 환경과 신체 건강의 관련성에 대해서는 여러 매체에서 다루어 이미 잘 알고 있을 겁니다. 마찬가지로 장내 모세혈관이 퇴화하면 위장 기능에 문제가 발생합니다.

미토콘드리아 공장에서 에너지를 생성하는 데 쓰이는 영양소는 위장에서 흡수되고, 모세혈관을 통해 세포로 운반됩니다. 더 정확하게는 영양소가 위장의 점막에서 흡수되는데, 이 점막은 아주 미세한 주름으로 빼곡히 뒤덮여 있고, 주름 하나하나마다 모세혈관이 존재합니다.

건강한 사람의 위장 점막 세포는 1~2일 주기로 재생되지만 모세혈관이 퇴화하면 세포 재생이 제때 이루어지지 않습니다. 그러면 주름이 쪼그라들어 모세혈관이 더 심하게 퇴화합니다. 최악의 경우 떨어져 나가기도 합니다.

이때 위장 세포로 이어지는 모세혈관의 기능이 저하되면 미토콘드리아 공장으로 영양소가 운반되지도 못하고, 노폐물의 회수도 막힙니다. 위장 세포 자체에 산소와 영양소가 전달되지 않으므로 위장 기능이 떨어지는 것은 당연합니다.

위장 기능이 약해진다는 건 소화 활동이 지체된다는 뜻입니다. 음식물이 소화되지 않고 오랜 시간 위에 머무르면 체증, 위장염, 위궤양 등의 증상이 발생합니다. 평소 변비가 반복되거나 배탈이 자주 나는 원인 모두가 모세혈관의 노화에서 비롯된 문제인지도 모릅니다.

장내 환경의 악화는 위장 기능만 떨어뜨리는 것이 아닙니다. 장에 체류한 노폐물과 가스가 창자를 통해 전신에 퍼지면 두통, 어깨 결림, 어딘가 모르게 찌뿌둥한 몸뿐 아니라 기미, 주름 등의 피부 트러블까지 일으킵니다.

위장 점막의 미세한 주름에는 영양소를 효율적으로 흡수하도록 미세융모가 나 있습니다. 모두 펼치면 테니스코트 한 면의 넓이와 맞먹는다고 합니다. 더 무서운 것은, 이 미세융모에는 면역세포가 있어 외부에서 들어오는 바이러스나 세균의 침입을 막아준다는 점입니다. 따라서 모세혈관이 퇴화하여 장내 환경이 나빠지면 면역 기능의 저하로까지 이어지게 됩니다.

평생 병들지 않는 몸을
만들기 위해 꼭 필요한 것

　모세혈관이 퇴화하면 면역 기능이 저하됩니다. 면역 기능의 주역인 백혈구는 모세혈관을 타고 전신을 돌면서 체내의 바이러스나 세균 등 외적을 발견하면 공격해서 제거합니다. 모세혈관을 형성하는 내피세포도 백혈구와 연계하여 외적을 무찌릅니다.

　건강한 사람이라고 해도 일반적으로 몸 안에서는 하루에 약 5,000개 정도의 암세포가 만들어집니다. 그런데도 우리가 건강을 유지할 수 있는 이유는 백혈구 중 하나인 림프구가 모세혈관을 타고 돌아다니며 지속적으로 체내를 순찰하기 때문입니다. 문제를 일으킬 만한 원인을 재빨리 발견해 일찌감치

뿌리를 뽑아버리는 것입니다.

그러나 모세혈관의 수가 줄거나 기능이 떨어지면 이 순찰 기능이 저하됩니다. 외적의 침입을 발견하지 못하거나 외적을 무찌르기 위한 백혈구를 보내지 못하게 되는 것입니다.

따라서 모세혈관의 기능을 높이고, 나아가 백혈구의 기능까지 강화하기 위해서 매일 어깨뼈 스트레칭과 올바른 호흡법을 해봅시다.

어깨가 굳으면
당뇨병 가능성이 높아진다

당뇨병도 실은 모세혈관과 관련이 깊은 질병입니다. 당뇨병이란 췌장에서 분비되는 인슐린 양이 부족하거나, 인슐린이 제 기능을 하지 못해 혈액 속에 포도당이 흡수되지 않아서 고혈당 상태가 지속되는 질환을 말합니다.

당뇨병은 인슐린 분비 기능 자체에 문제가 있는 제1형, 인슐린이 분비되어도 인슐린 저항성으로 기능에 문제가 생긴 제2형으로 나뉘는데, 일본의 당뇨병 환자 중 약 95%가 제2형에 속합니다. 제2형은 생활습관병 중 하나로 분류되고, 제1형은 유전적 요인이 크다고 분석됩니다.

쉽게 말하면 당뇨병이란 고혈당 상태가 지속되어 모세혈

관이 반복적으로 손상을 입다 보니 어느새 전신의 모세혈관이 너덜너덜해지면서 발생하는 질병입니다. 당뇨병을 모세혈관 질병이라고 표현할 수 있는 이유는 이 때문입니다.

이 병의 무서운 점은 내 몸의 모세혈관이 퇴화하는지 눈치 채기 어려운 것처럼 별다른 자각 증상 없이 조용히 진행된다는 점입니다. 모세혈관이 계속해서 손상을 입을수록 해당 모세혈관과 연결된 장기는 서서히 무너져 갑니다. 거기에 뻣뻣하게 굳은 어깨뼈까지 가세해서 모세혈관을 상하게 하면 당뇨병은 더욱 빠르게 진행됩니다. 그 끝에는 신장병, 망막증, 신경장애라는 3대 합병증이 기다리고 있습니다. 모두 모세혈관이 너덜너덜해지며 발생하는 질병입니다.

신장병은 신장에 있는 모세혈관이 퇴화하여 노폐물 처리가 제대로 이루어지지 않아 정상적인 소변을 만들지 못하게 되는 병입니다. 신부전으로까지 진행되면 투석 말고는 호전될 방법이 없습니다. 망막증은 망막에 있는 모세혈관이 상하면서 시력이 떨어지는 병으로, 악화하면 실명할 위험도 있습니다. 신경장애는 전신에 뻗어 있는 말초신경이 모세혈관으로부터 충분한 산소와 영양소를 공급받지 못해 여러 장기에 문제를 일으키는 병입니다.

모세혈관의 퇴화, 눈에 보이지 않는다고 해서 결코 가볍게 여겨서는 안 됩니다. 방치할 경우, 돌이킬 수 없는 무서운 결과를 가져올지도 모릅니다.

모세혈관이 손상되면
치매 위험이 높아진다

모세혈관의 지름은 1/100㎜ 이하로, 대략 머리카락 굵기의 1/10 정도에 해당합니다. 얼마나 얇은지 상상조차 하기 어려울 만큼 얇습니다. 초극세사인 만큼 작은 충격에도 쉽게 타격을 입어 곧바로 혈액 순환에 문제가 생기는 것입니다.

앞에서 세포에 산소가 부족해지면 가장 먼저 타격을 받는 부위가 뇌라고 설명했는데, 모세혈관의 영향을 가장 크게 받는 부위도 뇌입니다. 전체 혈액량 중 15%를 소비하는 뇌에는 모세혈관이 아주 많이 분포하고 있어 모세혈관에 문제가 생기면 그 영향을 매우 크게 받을 수밖에 없습니다.

60~70대의 뇌를 CT(컴퓨터 단층촬영) 사진으로 보면 미세한

혈관이 군데군데 막힌 것을 발견할 수 있습니다. 뇌의 모세혈관이 막히면 경증의 뇌경색이 발생하여 해당 부위의 뇌세포가 괴사할 가능성이 높아집니다. 이때 막힌 부위나 괴사 정도에 따라서 기억력 저하 및 치매로 이어질 위험이 있다고 봅니다.

약해진 모세혈관은 되살리고, 건강한 모세혈관은 늘리자

모세혈관의 퇴화는 각종 신체적 질환의 원인이 됩니다만 손상된 모세혈관을 되살리거나 그 수를 늘릴 수 있는 방법도 존재합니다. 게다가 나이에 상관없이 일상생활 속의 아주 작은 습관으로 효과를 볼 수 있습니다.

다만 자연스러운 노화 현상에 따른 모세혈관 수의 감소를 막기는 어렵기 때문에 젊은 시절과 같은 수준으로 회복되는 건 아닙니다. 이 책에서 말하는 목표는 어디까지나 나이에 걸맞은 모세혈관의 수와 질을 유지하는 것입니다. 약해진 모세혈관은 되살리고, 건강한 모세혈관은 늘리자는 뜻입니다.

혈관 세포는 혈관이 막혀 혈액이 원활하게 순환되지 않으면 그 기능이 저하되지만 반대로 혈액이 잘 흐르면 쉽게 회복됩니다. 즉 손상된 모세혈관을 되살리고, 건강한 모세혈관을 늘리려면 모세혈관에 혈액이 잘 흐르도록 혈류부터 뚫어야 합니다.

부교감신경을 깨우면 혈류가 개선됩니다. 부교감신경이 활성화되면 혈관이 이완되어 혈액이 잘 흐릅니다. 반대로 교감신경이 활성화되면 혈관이 수축하여 혈액 순환에 지장이 생깁니다. 어깨뼈가 뻣뻣하게 굳으면 자율신경의 밸런스가 무너져 모세혈관의 퇴화를 초래하지만 어깨뼈 스트레칭과 4·4·8 호흡법으로 어깨뼈를 풀어주고, 횡격막을 사용해 숨을 쉬면 퇴화한 모세혈관도 되살릴 수 있습니다.

우리 몸 구석구석에 있는 모든 모세혈관에 혈액이 잘 흐르게 하려면 모세혈관을 열어두는 시간을 확보해야 합니다. 혈액이 40~60초 만에 우리 몸을 한 바퀴 순환한다고는 하지만 무려 99,000㎞나 되는 모든 모세혈관에 혈액이 원활하게 흐르려면 모세혈관 자체를 이완하여 혈액이 지나는 통로를 충분히 열어둘 필요가 있습니다. 그러려면 의식적으로 부교감신경을 활성화해야 합니다.

어깨뼈가 계속 뻣뻣하게 굳어 있으면 자율신경 조절이 어려워져서 부교감신경의 활성화를 방해합니다. 반대로 딱딱하게 굳은 어깨뼈를 풀면 횡격막이 되살아나고, 깊은숨을 들이쉬는 건강한 몸으로 돌아갈 수 있습니다.

언제든 내 의지로 부교감신경을 활성화할 수 있는 몸을 만들면 퇴화한 모세혈관이 되살아날 뿐 아니라 모세혈관을 통해 산소와 영양소를 공급받는 세포도 함께 건강해집니다. 그러면 여러분을 힘들게 하던 각종 신체적 질환의 문제도 조금씩 해소될 것입니다.

5장

건강하고 활기찬 몸,
나이가 아니라
어깨가 만든다

아침까지 깨지 않고
푹 자는 게 소원이라면

피곤한데 좀처럼 잠에 쉽게 들지 못하거나, 잠을 설치는 바람에 늘 피로로 가득한 상태인 분들이 아주 많을 겁니다.

잠을 푹 자지 못하는 원인으로는 자율신경의 균형이 무너져 교감신경 기능이 과하게 항진된 상태가 지속된다거나, 수면을 촉진하는 호르몬 분비가 정상적으로 이루어지지 않는 등의 문제가 있습니다. 이렇게 자율신경 균형이 무너지고, 호르몬이 제대로 전달되지 않는 이유, 모두 뻣뻣하게 굳은 어깨뼈에 있을지도 모릅니다.

수면은 건강을 유지하기 위해서 반드시 필요한 매우 중요한 행위입니다. 잠을 자는 동안에 무너진 몸의 회복과 재생이 이루어지기 때문입니다.

우리 몸을 구성하는 약 60조 개의 세포는 낮에는 교감신경과 활동성을 올려주는 호르몬의 영향으로 활발히 움직입니다. 그리고 밤이 되면 부교감신경과 휴식을 취하는 호르몬의 작용으로 회복 및 재생 모드로 전환됩니다. 세포는 활발하게 움직일수록 손상되기 쉬워 복구되는 데 제법 시간이 걸린다고 합니다.

추천하는 권장 수면 시간은 7시간입니다. 너무 길어도 좋지 않고, 너무 짧아도 문제가 됩니다. 제가 근무하는 미국의 브리검 여성병원에서 연구한 결과, 평균 수면 시간이 7시간인 사람과 비교했을 때 6시간 이하인 사람과 8시간 이상인 사람들은 사망률이 15%나 높다고 밝혀졌습니다.

회복하는 데 가장 많은 시간이 필요한 신체 부위는 전체 산소의 양의 20%와 전체 혈액량의 15%를 사용해 낮 동안 쉼 없이 일하는 뇌입니다. 수면 중에는 뇌세포의 회복 및 재생 외에도 기억을 분류하고 취합하는 뇌의 정리 작업도 진행됩니다.

참고로 뇌의 회복 및 재생 작업 시에 발생하는 대량의 노폐물을 배출시키는 것이 '글림프 시스템(Glymphatic System)'입니다. 이는 2013년에 미국 로체스터대학의 메디컬센터 학술팀

이 과학 저널《사이언스(Science)》에 발표하며 많은 이의 이목을 끌었습니다. 설명하자면 사람이 깊은 잠에 빠진 상태를 뜻하는 비 렘 수면 단계일 때 신경아교세포(뉴런에 영양소를 제공하며 뉴런의 활동에 적합한 화학적 환경을 조성하는 기능을 하는 세포)가 수축하며 틈이 생기는데, 그 틈새로 뇌척수액이 흘러들어 노폐물이 배출되는 시스템이라고 합니다.

아직 동물 실험 단계에 있기는 하지만 이 글림프 시스템이 모세혈관과 연동해서 움직인다는 사실이 밝혀졌습니다. 만약 인간의 뇌도 똑같이 작용한다면 모세혈관의 퇴화가 글림프 시스템에도 영향을 미칠지도 모릅니다.

모두가 알다시피 수면은 정신 안정 효과도 있습니다. 잠자는 시간이 부족해지면 누구나 사소한 일에도 쉽게 짜증이 나고, 아무것도 아닌 일에 크게 동요하게 됩니다. 이러한 경우는 부교감신경이 활성화되어 있어야 하는 순간에 반대로 교감신경이 활성화되어 있을 확률이 높습니다.

먼저 제대로 숙면하기 위해서는 수면 호르몬인 멜라토닌의 분비를 늘려야 합니다. 멜라토닌을 늘리는 방법은 낮에 세로토닌이 잘 분비되도록 만드는 것입니다. 세로토닌은 3장에서 소개했듯이 노르아드레날린이나 코르티솔의 폭주를 멈추어 마음을 평온하게 해주는 호르몬인데, 이는 주로 반복적인 운동을 통해 분비됩니다. 또 횡격막을 위아래로 반복해서 움직이는 호흡법도 세로토닌 분비를 촉진합니다.

다시 말해 횡격막을 확실하게 움직이는 호흡법이 몸에 익으면 수면의 질도 바꿀 수 있다는 뜻입니다. 나아가 자율신경의 균형이 맞춰지면 수면 시에 교감신경이 지나치게 활성화되어 잠을 설치는 일도 줄어들게 됩니다.

그리고 멜라토닌의 분비를 늘리기 전에 먼저 세로토닌부터 촉진시켜야 하는데, 그 이유는 바로 세로토닌이 멜라토닌의 원료가 되기 때문입니다. 세로토닌이 증가하면 그만큼 멜라토닌이 증가해 자연스럽게 수면의 질이 높아집니다.

평생 살찌지 않는
몸을 만들어보자

상체 밸런스 리셋은 다이어트 효과도 기대할 수 있습니다. 40대가 되면 젊었을 때와 똑같은 양의 식사를 해도 살이 쉽게 찌는데, 그 이유는 나이를 먹을수록 기초대사량이 떨어지기 때문입니다. 기초대사란 생명 유지에 필요한 최소 에너지를 말하며 하루에 소비되는 에너지의 약 60~70%를 차지합니다. 기초대사량은 남성의 경우 평균 18세, 여성의 경우 15세를 기점으로 조금씩 떨어집니다.

살이 찌는 원리는 매우 간단합니다. 섭취한 에너지가 소비한 에너지보다 많으면 찌고, 적으면 찌지 않습니다. 즉 살을 빼고 싶다면 먹는 양을 줄이든, 소비 에너지를 늘리든 둘 중의 하나를 택해야 합니다. 폭음과 폭식을 반복하는 사람이나 당질 섭취량이 많은 사람의 경우는 별개지만 아마 지금의 식생활은 유지하면서 복부 주변 지방을 줄이고 싶다는 사람이 대부분일 겁니다. 그렇다면 기초대사량부터 올려야 합니다.

그걸 가능케 하는 것이 어깨뼈 스트레칭과 4·4·8 호흡법입니다. 호흡이 깊어지면 충분한 산소와 영양소가 건강한 모세혈관을 통해 세포로 운반됩니다. 그렇게 세포호흡이 활발해지는 것만으로도 기초대사량이 늘어납니다. 또 어깨뼈가 부드러워져서 가동 범위가 넓어지면 일상 동작으로 소비되는 에너지도 증가합니다. 왜냐하면 같은 동작을 하더라도 몸을 크게 움직이게 되기 때문입니다.

지방 연소 측면에서는 미토콘드리아 공장이 정상적으로 가동되는지도 중요합니다. 지방을 태우기 위해서는 달리기나 걷기 등 유산소운동이 효과적입니다. 이때 사용되는 것이 미토콘드리아 공장에서 생성된 에너지입니다.

이렇듯 어깨뼈 운동은 다이어트에도 매우 효과적입니다. 꾸준히 해두면 다이어트 이전에 '살찌지 않는 몸'을 만들 수 있습니다.

호흡근에 힘이 생기면
통증이 사라진다

어깨뼈 스트레칭과 4·4·8 호흡법은 바른 자세를 익히는 데도 도움이 됩니다. 앞에서 복식호흡은 횡격막을, 가슴호흡은 늑간근을 주로 사용한다고 설명했는데, 호흡에 관여하는 근육, 호흡근은 이외에도 더 있습니다.

근육으로 움직이는 심장이나 위와는 달리 자기 힘으로 움직이지 못하는 폐는 다른 여러 근육의 도움을 받아 움직입니다. 그리고 들숨과 날숨 시 각각 다른 근육을 사용하여 호흡합니다.

우리 몸에 호흡근으로 불리는 근육은 총 20종류 이상 있습니다만 이 책에서는 다음의 근육들만 인지해도 충분합니다.

숨을 내쉴 때 사용되는 주요 근육

- 내늑간근(늑골과 늑골 사이에 있는 근육)

- 외복사근(옆구리 표층부에 있는 근육)

- 복횡근(복부 주변에 코르셋처럼 붙어 있는 근육)

- 내복사근(외복사근 안쪽에 있는 근육)

- 복직근(복부 앞쪽에 있는 근육. 소위 말하는 식스팩이 형성되는 근육)

숨을 들이쉴 때 사용되는 주요 근육

- 목빗근(흉쇄유돌근. 귀 아래로 이어지는 목 근육)

- 사각근(늑골을 끌어올리는 근육)

- 승모근(등 위쪽에 있는 근육)

- 외늑간근(늑골과 늑골 사이에 있는 근육. 내늑간근 바깥쪽에 있는 근육)

- 횡격막(가슴과 배 사이를 나누는 막처럼 생긴 근육)

- 척주기립근군(등에 세로로 뻗은 근육군)

호흡은 목에서 등까지의 근육과 복부 근육이 총동원되는 동작입니다. 이렇듯 호흡에는 이너 머슬(Inner muscle)이라고 불리는 몸 깊은 곳에 자리한 근육이 사용되는데, 이 근육들은 바른 자세를 유지하는 데에도 꼭 필요합니다.

어깨뼈가 뻣뻣하게 굳어 호흡이 질이 떨어졌다는 건 다시 말해 호흡근이 제 기능을 하지 못하고 있다는 뜻이기도 합니다. 당연한 이야기지만 어깨뼈가 뻣뻣해져 자세가 나빠지면 원래의 바른 자세로 되돌아가기도 어렵습니다.

따라서 4·4·8 호흡법을 통해 횡격막을 쓰는 호흡법을 훈련하는 이유는 깊은 숨을 쉬기 위한 목적도 있지만 또 다른 이유는 약화된 호흡근을 자극해서 다시 깨우기 위함이기도 합니다. 또한 복식호흡은 호흡근 힘이 단련되는 일종의 근력 운동입니다.

우리 몸 안쪽에 있는 이너 머슬을 단련하는 트레이닝은 가슴이나 팔, 허벅지 등의 근육을 단련할 때 하는 바벨이나 덤벨을 사용한 격한 운동과 비교하면 매우 시시한 훈련법입니다. 중량으로 부하를 주는 것이 아니라 횟수로 부하를 주는 점이 특징입니다.

그런 점에서 호흡 운동으로 근육을 단련하는 방법은 매우 적절하다고 볼 수 있습니다. 꾸준히 하다 보면 본인도 모르는 사이에 바른 자세를 유지하는 근력을 되찾게 될 겁니다. 바른 자세란 똑바로 섰을 때 머리, 어깨, 허리, 무릎 관절이 일직선에 놓이는 상태를 말합니다. 어깨뼈가 뻣뻣하게 굳은 사람은

이 자세가 매우 어렵게 느껴질 겁니다. 바른 자세로 서는 데 필요한 근육이 약해진 데다, 등이 둥글게 말린 상태로 몸이 굳어져 버렸기 때문입니다.

잘못된 자세는 허리나 무릎 관절의 통증을 초래합니다. 머리를 앞으로 내민 구부정한 상태로 몸의 균형을 잡으려 하면 목과 어깨, 등 주변의 근육에 필요 이상의 부하가 걸립니다. 머리의 중량을 지탱해야 하기 때문입니다. 사람 머리의 무게는 체중의 약 10%를 차지합니다. 체중이 60kg이라면 머리의 무게는 6kg, 체중이 50kg이라면 머리의 무게는 5kg인 셈입니다.

게다가 고개를 앞으로 숙이면 더 많은 부하가 걸리게 됩니다. 앞으로 30° 정도 기울이면 무게가 약 3배 늘어나는데, 더 기울여서 60° 정도 숙이면 무게가 4.5배로 늘어납니다. 대체로 스마트폰을 들여다볼 때의 각도가 30° 정도입니다. 예를 들자면 체중이 50kg인 경우 목과 주변 근육에 총 15kg의 부하가 걸린다는 뜻입니다. 똑바로 서면 부담할 필요가 없는 부하가 걸리는 셈이니 허리나 무릎에 문제가 생기는 건 아주 당연한 결과입니다.

반듯하게 선 바른 자세가 익숙한 몸으로 되돌아가기 위해서라도 반드시 어깨뼈를 풀어서 호흡근을 단련해야 합니다.

습관적으로 횡격막을 사용해 호흡해봅시다.

지긋지긋한 목과 어깨 결림에서 해방되는 법

어깨뼈가 부드러워지면 여러분을 그토록 힘들게 하던 목과 어깨 결림에서 해방될 수 있습니다.

2016년에 일본 후생노동성에서 국민 생활 기초 조사를 한 결과 수많은 일본인이 어깨 결림을 호소했는데, 그중에서 남성보다 여성의 비율이 더 높았다고 합니다.

그러나 목과 어깨가 결리더라도 요통이나 무릎 통증과는 달리 웬만큼 증상이 심하지 않으면 정형외과나 통증의학과 등의 병원을 찾는 사람은 그리 많지 않습니다. 추측건대 기지개를 켜거나, 아픈 부분을 두드리거나, 마사지를 해서 일시적으로 통증을 완화하려는 사람이 대부분일 겁니다.

물론 그렇게 하면 조금은 나아집니다. 그러나 얼마 못 가 또다시 목과 어깨가 결려 같은 과정을 반복하게 됩니다. 근본 원인이 해결되지 않았으니 당연한 인과입니다.

목과 어깨 결림의 가장 큰 고민은 아무리 근육을 풀어도 계속해서 통증이 반복되어 상태가 악화된다는 점입니다. 따라서 점점 스트레스가 쌓일 수밖에 없고, 목과 어깨 결림으로 나타나는 증상은 계속 나빠지기만 합니다. 사람에 따라서는 심한 통증이 동반되기도 합니다. 결림이나 통증이 느껴지면 어떤 일을 할 때 집중력이 끊기거나, 목과 어깨에 자꾸만 신경이 쓰여 판단력도 떨어지니 문제는 계속 커져만 갑니다.

목과 어깨 결림의 원인은 아직 완전히 밝혀지지는 않았지만 그중 하나가 뻣뻣하게 굳은 어깨뼈라는 수많은 의료진의 임상 시험 및 해석이 있습니다. 어깨뼈가 뻣뻣해져 몸이 새우등 자세로 굳어지면 앞으로 쏠린 머리를 지탱하기 위해 어깨와 등 근육에 힘이 많이 들어갑니다. 근육에 드는 힘이 과해지면 혈행이 나빠지고, 그 영향으로 근육의 세포호흡 기능이 저하되면서 근육 내에 피로 물질이 쌓이게 됩니다. 이것이 어깨가 결리는 원리입니다.

상체에 주로 나타나는 통증을 개선하려면 어깨뼈를 풀어

새우등 자세부터 고쳐야 합니다. 동작당 30초, 매일 3분이면 되는 어깨뼈 스트레칭을 통해 나쁜 자세를 바른 자세로 잡아 봅시다.

오십견 때문에
팔을 드는 것조차 힘들다면

중년이 되면 사십견, 오십견(어깨 관절의 윤활 주머니가 퇴행성 변화를 일으키면서 염증을 유발하는 질병, 40~50대의 나이에 많이 발생함)을 호소하는 분들이 부쩍 늘어납니다.

"팔을 들려고 해도 어깨가 아파서 못 들겠어요."

"자다가 뒤척인 순간 어깨에 극심한 통증이 느껴져서 한숨도 못 잤어요."

"매일 아침 어깨가 아파서 셔츠를 입는 것조차 힘들어요."

처음에는 어깨를 움직일 때 가벼운 통증이 느껴지거나 조금 불편한 정도였는데, 점차 가만있는 데도 아픔이 느껴지더니 어느 날 갑자기 팔이 올라가지 않게 되는 것이 바로 사십견 및 오십견입니다.

이 증상의 정식 명칭은 '유착관절낭염'입니다. 어깨 관절이나 어깨 주변 근육이 단단하게 굳으면서 통증을 유발한다는 해석이 가장 유력하긴 하나 아직 확실한 인과관계는 밝혀지지 않았습니다. 그러나 어깨 관절이 어깨뼈와 연동하여 움직인다는 점을 고려하면 어깨뼈가 뻣뻣하게 굳으면서 사십견, 오십견 증상에 영향을 끼칠 가능성은 충분하다고 봅니다.

또 다른 원인으로는 어깨뼈가 열린 채로 굳어버리는 바람에 어깨 관절에 어깨뼈가 닿으면서 통증을 유발한다고 보는 분석이 있습니다. 그 밖에는 어깨뼈 주변부터 어깨 관절에 걸쳐 모세혈관의 혈액 순환 기능이 저하되었을 가능성이 있습니다.

좌우지간 뻣뻣하게 굳은 어깨뼈가 원인이라면 어깨뼈를 풀어 주변 근육에 부담을 주는 자세부터 고쳐야 근본적인 문제가 해결됩니다. 이 책에 수록된 운동을 통해 사십견 및 오십견에 대한 고민이 해소될 수 있을 것입니다.

다만 사십견이나 오십견의 경우 통증이 느껴진다면 어깨

를 움직여도 될 때와 아닐 때가 있어서 주의가 필요합니다. 팔을 올리는 것조차 힘들다면 우선 전문의와 상담한 후에 운동을 하는 것을 추천합니다.

젊은 몸으로 오래오래
행복하게 살고 싶은 당신에게

어깨뼈 스트레칭의 효과는 겉모습에도 바로 드러납니다. 일단 바른 자세를 갖게 되면 한결 젊어 보일 것입니다. 실제로 숨은 키를 찾는 경우도 꽤 있습니다. 등이 둥글게 말린 구부정한 자세는 누구에게도 좋은 인상을 주기 어렵습니다. 어깨뼈를 풀어서 건강한 호흡법으로 바른 자세를 유지하는 데 필요한 근육을 단련하면 허리가 반듯해져서 자세가 아름다워집니다.

구부정한 자세가 못나 보이는 이유는 등 근육이 앞쪽으로 당겨진 상태가 지속되면서 가슴 끝이 내려가거나 볼록 튀어나온 배가 두드러지기 때문입니다. 이는 자세가 교정되면 자연스레 개선되는 부분입니다.

또 건강한 모세혈관을 통해 충분한 산소와 영양분이 세포로 운반되면 세포호흡 및 신진대사 기능이 활발해져서 기미, 주름, 처짐 등의 피부 문제도 나아질 수 있습니다. 그뿐만 아니라 자율신경을 내 의지로 조절할 수 있게 되니 자율신경의 종합력도 올라가 자연스레 표정에 생기와 자신감이 감돌게 됩니다.

어깨뼈가 뻣뻣해지는 현상은 단순히 어깨의 가동 범위가 좁아져서 움직이기 불편하다거나, 동작이 작아진다는 수준의 이야기가 아닙니다. 어깨가 딱딱하게 굳어버리면 자세가 나빠지고, 호흡의 질이 떨어지며, 나아가 각종 신체적 질환의 원인이 되는 자율신경의 불균형 및 활성산소 발생, 세포호흡이나 모세혈관의 퇴화로 이어집니다.

어깨는 침묵의 신체 기관입니다. 아프지 않다고 신경 쓰지 않는 사이, 어깨가 무너지며 신체의 밸런스도 서서히 무너집니다. 앞으로는 평소 어깨뼈 건강 상태를 습관적으로 체크하며 뻣뻣하게 굳었다면 풀어주고, 어깨뼈의 영향을 직접적으로 받는 횡격막의 움직임도 미리미리 단련해둡시다.

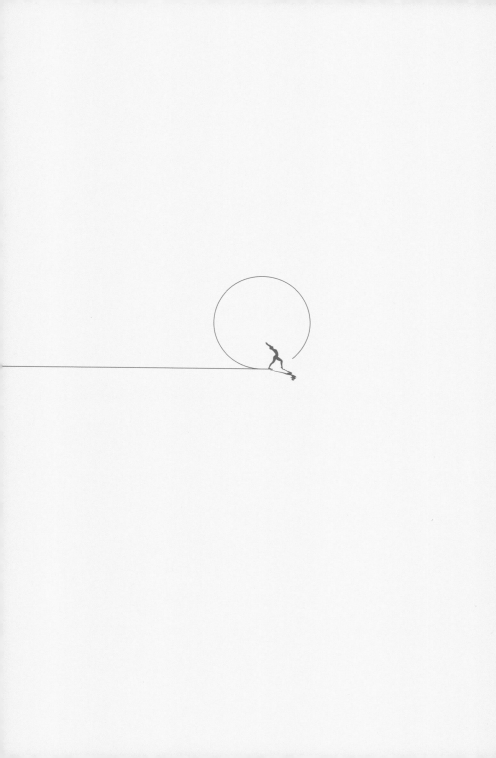

여러분 대다수가 뻐근한 어깨뼈가 각종 신체적 질환의 원인이 된다고 예상치 못했을 것입니다. 물론 어깨뼈가 뻣뻣하게 굳었다고 해서 이 책에서 소개한 증상이 반드시 나타나는 것은 아닙니다. 그러나 어깨뼈가 뻣뻣해지면 호흡의 질 악화, 세포호흡 기능의 저하, 모세혈관의 퇴화 등과 같은 증상을 초래한다는 사실은 모두 최신 연구에서 밝혀졌습니다.

딱딱하게 굳은 어깨를 그대로 방치하면 머지않아 몸 곳곳에 이상 징후가 발생할 가능성이 높습니다. 반대로 어깨뼈가 부드러워지면 일, 공부, 스포츠 등 본인이 집중하는 분야에서 더 높은 성과를 발휘할 수 있습니다.

거듭 강조했듯 사람은 누구나 횡격막을 사용해서 깊게 호흡할 수 있고, 그렇게 되면 언제든 본인의 의지로 부교감신경을 활성화할 수 있습니다. 그러면 필요 이상으로 곤두선 신경이나 감정을 가라앉힐 수 있어 스트레스 및 질환을 이기는 몸과 마음을 얻게 됩니다. 그러므로 뻣뻣한 어깨뼈보다 말랑말랑한 어깨뼈가 여러 측면에서 훨씬 더 유리합니다. 또 얕은 호흡보다 깊은 호흡을 하는 것이 지금보다 더 건강해지는 지름길입니다.

그러기 위해서 지금 당장, 언제 어디서든 실천할 수 있는 어깨뼈 스트레칭과 4·4·8 호흡법을 해봅시다. 한 동작당 30초로 구성된 아주 쉬운 동작입니다. 이 루틴을 오늘부터 여러분의 건강을 책임질 습관으로 만들기를 바라겠습니다.

마지막으로 이 책을 집필하는 데 큰 도움을 준 헨토나 사토루 님과 아라이카와 슌이치 님께 감사의 뜻을 표합니다.

옮긴이 **이지현**

어린 시절을 일본에서 보내며 자연스레 한일 양국의 언어 및 사회문화에 대한 연구를 숙명으로 여기며 자랐다. 그 결집체로 논문 「일본인의 국민성에 관한 고찰」을 발표하며 와세다대학 문화구상학부를 졸업한 후 번역가가 되겠다는 일념으로 귀국하여 현재 바른번역 소속 출판 번역가로 활동 중이다. 옮긴 책으로는 『허리 좀 펴고 삽시다』가 있다.

하버드 의대가 밝혀낸 젊은 몸으로 오래 사는 법

상체 밸런스 리셋

초판 1쇄 발행 2023년 9월 25일
초판 2쇄 발행 2023년 11월 15일

지은이 네고로 히데유키 **옮긴이** 이지현
펴낸이 김선준

편집본부장 서선행
책임편집 배윤주 **편집1팀** 임나리, 이주영 **디자인** 엄재선, 김예은 **본문 디자인** 김혜림
마케팅팀 권두리, 이진규, 신동빈
홍보팀 한보라, 이은정, 유채원, 권희, 유준상, 박지훈
경영지원 송현주, 권송이

펴낸곳 ㈜콘텐츠그룹 포레스트 **출판등록** 2021년 4월 16일 제2021-000079호
주소 서울시 영등포구 여의대로 108 파크원타워1 28층
전화 02) 332-5855 **팩스** 070) 4170-4865
홈페이지 www.forestbooks.co.kr

ISBN 979-11-92625-73-7 (13510)

㈜콘텐츠그룹 포레스트는 독자 여러분의 책에 관한 아이디어와 원고 투고를 기다리고 있습니다.
책 간행을 원하시는 분은 이메일 writer@forestbooks.co.kr로 간단한 개요와 취지, 연락처 등을 보내주세요.
'독자의 꿈이 이뤄지는 숲, 포레스트'에서 작가의 꿈을 이루세요

"'인간은 세 번 늙는다'라는 말이 있습니다.
그러나 제가 생각하는 진짜 노화의 시작점은
어깨뼈가 딱딱하게 굳어버리는 그 순간이라고 확신합니다.
그 사람의 어깨를 보면 그의 남은 날을 예측할 수 있습니다.
지금, 당신의 어깨는 어떠한가요?"